每天玩一个心理学游戏

# 每天玩一个心理学游戏

张卉妍 编著

中国华侨出版社
北京

**图书在版编目（CIP）数据**

每天玩一个心理学游戏／张卉妍编著．—北京：中国华侨出版社，2013.10（2021.1重印）
ISBN 978-7-5113-4185-3

Ⅰ.①每… Ⅱ.①张… Ⅲ.①心理测验 Ⅳ.①B841-7

中国版本图书馆CIP数据核字（2013）第249731号

**每天玩一个心理学游戏**

编　　著：张卉妍
责任编辑：文　兰
封面设计：阳春白雪
文字编辑：孟宪爽
美术编辑：宇　枫
经　　销：新华书店
开　　本：720mm×1020mm　1/16　印张：24　字数：350千字
印　　刷：北京德富泰印务有限公司
版　　次：2014年1月第1版　2021年1月第3次印刷
书　　号：ISBN 978-7-5113-4185-3
定　　价：45.00元

中国华侨出版社　北京市朝阳区西坝河东里77号楼底商5号　邮编：100028
法律顾问：陈鹰律师事务所
发 行 部：（010）88866079　传　真：（010）88877396
网　　址：www.oveaschin.com　E-mail：oveaschin@sina.com

# 前言

屠格涅夫说："人的心灵是一座幽暗的森林。"人心包罗万象，很难探清它的真相，而心理学游戏正是通往内心世界的一条通道。人们通常需要人们长久的经历和专注的反思才能获得自我认知，而通过心理学游戏，只需要一个选项的抉择和一次对结果的解读，就可以让自己对性格、情感、人际、婚姻等问题幡然醒悟，让自己在最短时间发掘深藏于内心的种种可能，从而看清自己，读懂他人。

心理学游戏会给我们一个认识自己的另类角度，让你发现和探索从未觉察到的自己，从而有力量冲破由于经验桎梏或认识不足而设定的人生界限。做心理学游戏，就像和一位知己聊天，丰富细腻、有理又有情趣的心理学游戏，会让我们感觉到好像有人走进我们的心里，在细细询问和呵护着我们的精神世界。玩心理学游戏可以调节心情，心理学游戏大多是善意的分析和忠告，即使批评，也相当委婉，给玩游戏者带来一定的激励和启示。心理学游戏的题目都比较有意思，能够激起兴趣，不少人其实就是带着一种"好玩"的心情去做游戏，如果答案和自己的认知不谋而合，会欢欣鼓舞；要是毫无关联，也可以权当一种精神上的放松。

对个人而言，运用这些权威而有效的心理学游戏能够更好地了解自己的优缺点，扬长避短，完善自我。在对自己及他人有更全面、客观的认识之后，能帮助自己更游刃有余地去处理生活中的各种问题，让自己在竞争激烈的社会中奋力拼搏，在复杂的社会关系中左右逢源，在人生竞技场上保持绝对优势。

对管理者而言，通过这些游戏可以发现和解决管理工作中存在的问题，并更好地识人、用人、管人，还能提高决策能力、协调能力、亲和力和影响力，使管理水平和领导能力得到大幅度的提高。

对企业而言，借助这些游戏在招聘人才、选拔人才的过程中可以更迅速、更便捷地挑选出所需要的人员，从而使企业单位得到更好的发展。

心理游戏实际上是一种思考方式，是一种生活态度，当你在轻松自在的游戏中破译了心理密码，自然能感受到游戏的神奇魅力。每天玩一个心理游戏，把它当作茶余饭后的谈资，或是消磨时光的娱乐，在一片欢笑声之后，或许会让你对一个心理学命题有新的学习和认知，或许会让你对生活有新的感悟与思考。

用最短的时间，做最有趣的游戏，得到最客观的答案！《每天玩一个心理学游戏》从心理学的角度出发，精选了几百道心理测试题，内容涵盖了人生的方方面面，包括性格、爱情、婚姻、职场、财富、人际等。在测试题目的选取中，既考虑全面性，争取让读者通过心理游戏能对一个心理学命题进行最广泛认识，同时又注重差异性，避免出现题目主题与方式雷同，让读者在阅读起来感受重复而无趣。在每一小节末尾还特别设置了“心理贴士”小版块，在每一章节末尾还设置了“心理学知识”，或以轻松的话语，或以科学而严谨的陈述，帮助一个人在做完测试之余，能够对一个心理学命题进行一次更为科学而严谨的认知。在轻松的阅读过程中，你会惊奇地发现，原来识己读人是如此简单！

在游戏中学习，在学习中娱乐，翻开本书，你将进行一次有趣的心灵之旅。希望本书能让你在轻松的游戏中了解内心深处的秘密，知道自己成败的关键，进而找准自己的方位，轻松应对人生难题。

# 目 录

## Part 1　自我探密，了解最真实的自己

## Part 3 职场判断，踏上锦绣前程的成功之道

# Part 1

# 自我探密，了解最真实的自己

# “自我”离你有多远

“自我”其实很微妙，迷失自我，自然会失去生活的方向，但如果过分地保持自我，则难免会因过于凌厉而伤人伤己。该如何把握这个度呢？只有正确地认识自我，把握好人与人交往的度，才可以成为一个有正确生活态度的人。

## 小时候的那朵花

### 情景测试

我们经常会产生这样的疑惑，我到底是怎样的一个人？我的那些感觉是怎么来的？其实对每个人来说最陌生的是自己，最熟悉的人还是自己，也许我们可以通过这样一个测试，用一朵儿时的小红花，来让你认识另一个自己。

1.把自己代入到儿童时代，当你站在班级墙壁上的红花榜前，你是带着一种什么心态：

觉得无所谓，对是否获得小红花没有特别在意→A类型

十分渴望获得小红花→2

2.为了获得小红花，你会怎么做？

努力学习，以好成绩赢得老师的表扬→B类型

通过各种课外活动获得老师和同学的认可→C类型

贬低其他同学来抬高自己→D类型

### 完全解析

A类型：属于消极地对待目前生活的人，缺乏合理的自我意识，并对这个社会的竞争不感兴趣。

B类型：属于自我意识正常的人，这类人一般会适时主动地发挥自身优势去赢得社会的认可。

C类型：属于带有强烈自我意识的人，某种程度讲是以自我为中心，更加在意社会对自己的评价。

D类型：属于极端自我的人，这类人只有不断地被他人认同与赞美，才会带来极度的满足感。他会对生活中的每件事情锱铢必究，凡事都希望按自己设定的方式解决，做事带有强烈的目的性。

### 心理贴士

认识自己不是一件简单的事，而是一个复杂又漫长的过程。一个能够客观认识“自我”状态的人，可以在人群当中给自己一个正确的定位，这样的他就容易受到大家的欢迎。当然一个人不是一成不变的，而是在不断地成长和变化，如果你想要了解一个真实的“自我”，就必须不断地从各个细节观察自己的一言一行。只有经过不断地探索和分析，我们才能对自己有一个客观准确的认识。

## 从镜子看你的自我意识

### 情景测试

在童话故事里，镜子带着神秘又强大的魔力，可以无所不知，无所不能。现在设想这样一个情节，当你走进一个陌生的房间里，而这个房间里摆放了各式各样的镜子，你最想在这个房间里看到怎样的场景呢?

A.只有自己的影子，没有其他东西

B.在离你很远的地方有几个游客在参观

C.在你的周围就有几个游客在参观

D.你的周围聚集着很多参观的游客

## 完全解析

选择A：你是一个极端以自我为中心的人。你强烈的自我意识已经占有了你全部的心思，你习惯于把自己当作注意的中心，其他人、事、物，很难让你提起兴趣，很多时候你的注意力无法从自己身上移开。

选择B： 你是一个自我意识与他人意识明确的人。你把自我与他人的界限定位十分清晰，你是一个理性的人，注重给自己保留一定的自我空间，在你看来任何事情合理最重要，同时你也十分注重自己的知识和思考能力，属于不会轻易让他人的意见左右你决定的类型。

选择C：你是一个保留部分自我意识的人，但更多的时候“自我”的观念不是太强烈，有的时候你意识不到自己的自我意识所占的比重，所以较容易受到他人意见的影响。

选择D：你是一个比较缺乏自我意识的人。你很害怕自己一个人，喜欢很多人一起待着，过分依赖人际关系，正因为这样你经常因为别人的意见而改变自己的想法。

## 心理贴士

人生就像一面镜子，在镜子里的人有时是自己，有时是他人。如果我们看镜子时只看见自我而忽略身旁的朋友，会引起一些不必要的矛盾和误会；如果我们过分专注他人的感受，忽视了自己真实的想法，到头来也是一场空。最好的方法是既爱护好自己，也照顾到周围的朋友，两者兼顾才能更加融洽地相处。

# 你会选择哪种小点心

## 情景测试

小点心点拨你的小性情，忙碌了一上午，应该来点下午茶犒劳自己，立即到办公室楼下的茶餐厅享受一下吧，请从下列选项中选出你最想点的一款点心：

A.热腾腾的煮鸡蛋

B.精致的提拉米苏

C.新鲜的水果

D.刚出炉的比萨、烤翅

**完全解析**

选择A：煮鸡蛋是需要手动剥开才能吃到，这说明你是一个自我保护意识很强的人。

选择B：爱吃甜食的你，永远有着层出不穷的新鲜想法，你对待生活总是感性多于理性。

选择C：你是个理性冷静的人，常常会就事论事去评论一件事情，不会因为私交影响你的判断。

选择D：你是个以自我为中心的人，你不会理会你的所作所为在别人眼里会产生什么样的看法和评论，你性格热情开朗，不拘小节。

**心理贴士**

从一个小细节中就可以看到自己性格中不为人知的一面，从一个人喜欢吃哪种小点心就可以看出其性格的倾向。只有看清自己的性格，才可以游刃有余地处理生活中遇到的各种问题。

## 好友的幸福

**情景测试**

每个人都向往幸福、追求幸福，但幸福却又来之不易。做一个关于“好友的幸福”的测试吧，从测试中看出你的真实性格。

有一天你的好朋友突然告诉你，她要结婚了，此外她还向你夸奖了自己老公是多么的优秀和成功，他们买下海滨的高档别墅做婚房，而且准备去马尔代夫度蜜月，好朋友脸上还洋溢着幸福的笑容。看到、听到这一切时你的心里是什么感受：

A.这么听起来她老公应该很有钱，以后得跟她搞好关系

B.真替好朋友高兴，能嫁个这么好的老公，应该祝贺她吧

C.哼，大家都是女人，怎么我就没有捞到这么一个大款

D.我各方面都比她好很多，我一定可以找到一个比她老公更好更有钱的男人，让她羡慕去吧

E.她表面上的这种幸福是假的吧，嫁给有钱人肯定也有痛苦悲伤的一面，老天是公平的

## 完全解析

选择A：你是一个自我中心意识较强的人。你自己的幸福和快乐这件事已经多次考虑过了，但很少从别人角度来考虑别人的感受。你对中意的东西会千方百计地想弄到手，一旦发生了什么对自己不利的麻烦事，你会不自觉地逃避责任。

选择B：你是一个自认为充满爱心的好人，但在你的潜意识里，你觉得你付出的爱心是别人看得到、认可的，并且需要给你回报的，如果对方没有给你想要的回报，你就会感到非常气愤。

选择C：你是一个嫉妒心强的人。你最不能接受的事就是别人做得比你更好，特别是那些跟你比较熟的人，或者那些你认为不如你的人。其实嫉妒心越强就越代表这个人对自己没有自信，也正是这种强烈的嫉妒心理让你生活在敏感、郁闷的状态下。

选择D：你可能是一个可以为了达到目的而不择手段的人。你骨子里是一个倔强的不服输的人，好胜心很重，为了获得成功你甚至会使用一些为人所不齿的手段。其实这样的生活很累，就算成功了也不快乐，你要明白这个世界上的每一个人都是独立的个体，没有可比性，生活最大的乐趣在

于享受这个过程，并不是最终的结果。

选择E：你是一个自我防御心理很重的人，害怕被别人抓住自己的弱点，每当有人看见你的弱点时，你就自动启动自我防御机制，多数表现在情绪容易激动，有点偏执，报复心强。其实耿耿于怀的生活很累，而且不快乐，只有对生活的种种释怀，你才可以得到真正快乐。

### 心理贴士

面对好友的幸福，在送上祝福时，自己心头起涟漪甚至嫉妒，是一种常见的现象。其实没有必要眼红他人的幸福，每个人都注定了有自己的路要走，有自己的幸福要守候。

## 一片落叶

### 情景测试

落红不是无情物，化作春泥更护花。走在深秋的街道上，有时候就会莫名地发出这样的慨叹。落叶戚戚，这种寂寞的秋色和周围的景物构成了一幅和谐的画面，我们来做一个小测试吧，测一测在生活当中的你是不是能和朋友融洽相处呢。

假定一个深秋落叶飘飘的情景，你独自漫步在一条无人的街道上，街道两边耸立着高大的树木，那些被秋风扫落的树叶布满你的脚下，你会觉得这是哪种树叶呢？

A.梧桐的掌形叶

B.向日葵的卵形叶

C.银杏的扇形叶

D.乌柏的菱形叶

E.马尾松的针形叶

**完全解析**

选择A：你对自己有着深刻的认识，所以你可以很好地把握自己和他人。

选择B：你对自己有全面但不深刻的认识。

选择C：你是一个对他人严格却对自己很宽松的人。

选择D：你一个对事模棱两可的人。

选择E：你说话做事很冲动，有时会让人感觉是个刺头。

**心理贴士**

人就像叶子，世界上没有完全一样的两片叶子，也没有完全一样的两个人，每个人都是独一无二的，都有自己的个性和特点。要想和别人融洽相处，必须要尊重别人的个性，而不能只考虑自己的感受。

## 坐火车的时候选座位

**情景测试**

一个人在选火车座位时的喜好不仅关乎可以看到怎样的风景，也可以透露出一个人的性格，不信？那我们来做一个测试吧。

当你坐火车出差或旅游时，在不需要对号入坐时，你会选择什么座位呢？

A.靠窗的位置

B.靠过道的位置

C.靠门的位置

D.中间的位置

**完全解析**

选择A：你是一个喜欢有一定的时间和空间独处的人，内心表现欲很强，但有时候又可以把这种欲望隐藏起来。你在做事时略显冲动，热情来了会先行动后思考。

选择B：你是一个自我保护意识很强的人，谨慎小心是你的风格，喜欢自由自在，不愿受到过多的约束。

选择C：你是一个事业心强大的人，但你也讲究生活品质，不会只有事业而没有生活，不会为金钱卖命。

选择D：你是一个喜欢顺其自然的人，理想的生活状态就是悠闲自在，虽然也有对事物的好奇心，但一旦感觉对自己不利，就会十分理智地远离。

### 心理贴士

从小细节往往可以发现自己性格中隐藏的另一面。性格没有对错，找出隐藏的性格并不是为了批判，是为了更好地认识自己，并且有针对性地去调整自己的性格和行为方式。

## 勤劳的采花蜜蜂

### 情景测试

每个人都有自己偏爱的花朵和颜色，而这也代表了不同的心理状态。春天里来百花香，小小蜜蜂采蜜忙。假设你是一只快乐勤劳的小蜜蜂，正在花丛中采蜜，你会选择哪种颜色的花当第一个落脚点呢?

A.白色的樱花

B.粉红的蔷薇

C.火红的玫瑰

D.金色的郁金香

E.青色的兰花

F.忧郁的蓝玫瑰

E.淡紫的薰衣草

**完全解析**

选择A：白色系花代表着纯真和恬静。一般选择此类花的人，对生活要求也很低，希望一切简单化，保持着纯真自然。

选择B：粉红色系花是钟情梦幻色彩的浪漫小女生的最爱，这类人通常对他人的关心超过了自己，细心体贴、温和善良、待人和气是她们最吸引人的地方。

选择C：大红花系代表着张扬、奔放的个性，选择此色花的人多是性情中人，做事情注重自己的真实感受，也不善掩饰自己的真情实感。

选择D：喜欢金黄色花系的人独立自主、感情强烈。这类人比起常人更注重追求自己的理想，换个角度讲，是个不折不扣的理想主义者。

选择E：选择青色花系的人通常处于矛盾状态，他会纠结于成熟与不成熟之间，偏向感性。选择此色花朵系的人青涩、朴实，同时具有一定的潜力。

选择F：蓝色是忧郁的代名词，所以选择蓝色花系的人通常缺少打破常规的勇气，但面对现状，他比较积极、上进。

选择G：紫色代表高贵，选择紫色花朵的人无疑是自我满足或自我陶醉的人。相对于其他色彩来说更自我，也更高傲。

**心理贴士**

如果把我们每个人都比喻成一朵花——一朵生命之花，那么每个人都有属于自己的色彩和艳丽，有着锋芒光彩的一面。但花朵也不是完美无缺的，花朵上也会带有零星点缀的刺芒，也就代表着每个人心中的小弱点。当我们把自己的美好的一面呈现给别人，那么别人就获得一次美的感受。但不排除我们性格中“自我”的小刺芒会在不经意间中伤他人。为了避免这种不愉快的情况，我们就必须调整好彼此间的距离，才能愉快地和别人相处。

# 一边是足球赛，一边是好友的哭诉

## 情景测试

这天晚上，你终于等到了期待已久的比赛，并花了不少钱买了一张入场券，你期待在球赛现场见到自己喜欢的球星。距离球赛还有一个小时，你正要从家里出发，刚好你的好朋友A打电话来，向你倾诉自己的遭遇，因为她今天被老板辞退了。这时候你是继续去看比赛，还是去安慰好朋友呢？

A.二话不说地立刻赶到朋友家，安慰她

B.有点犹豫不知道如何是好，很想去看比赛但在聊天过程中发现朋友的情绪差，最后还是放弃了看比赛去她家陪她

C.在电话里头劝说自己的朋友，使她情绪稳定下来，但告诉她你现在手头上有很重要的事，要过几个小时才能去陪她

D.直接了当在电话里头告诉她你现在很忙，不能马上去看她，但是可以另找时间和她详谈

## 完全解析

选择A：你是一个很乐意帮助别人的人，在朋友需要的时候会马上挺身而出，但也往往会因此忽略了自己。

选择B：你很想保护自己，但又不愿意伤害自己的朋友，证明你在自己的利益与朋友利益之间患得患失，犹豫不决。

选择C：你十分清楚自己的定位，知道自己要什么，很少会因为要去取悦别人而感情用事。遇到问题时，你懂得将自己和他人的利益进行平衡，以达到各方面都有个良好的结局。

选择D：你活在自己的世界里，你是一个完全自我的人，你与他人之间有一条明显的界限。除了自己，几乎没有别的什么可以改变你的意志。

心理贴士

人不可能脱离社会而存在，所以人总是要和他人相处，与他人建立一种长期的良好关系也成为一种需要。漫漫人生路，人与人需要与彼此依赖，相互依存，基于这一点就使得人际关系成为人类生存的重要内容。

## 你属于哪一种“自我”的性格

### 情景测试

能够忠于“自我”是一件好事，但要把握好这个“自我”的度却不容易。人与人相处时那么微妙，有时候过分自我反而伤害了别人。想知道你是不是一个过分自我的人吗？你会不会因为过于自我而让周围的人讨厌你，自己却全然不知呢？做完这个测试你就知道了。

请以“是”或“否”诚实地回答下列问题，并在纸上记下它们。

**A组：**

1.你做事的态度是慢条斯理，觉得这种方式是最满意的。

2.当有人盯着你做事情的时候你会不开心。

3.你比周围的朋友们爱做白日梦。

4.你总是很难信任别人。

5.对你而言一成不变的工作比总是变化的工作要好。

6.你很容易存钱。

7.你很难接受别人要你改变自己的习惯和想法。

8.你相信“事出必有因，不会空穴来风”这句话。

9.你在没有适当的引介的情况下，不容易和陌生人交谈。

10.你有记日记的习惯。

**B组：**

1.你喜欢去人潮汹涌的地方度假。

2.你喜欢转换不同种类的工作。

3.你讨厌光看不做，喜欢身体力行。

4.你目前有加入一些俱乐部或社团。

5.你很难将注意力集中在细节上。

6.你很难动怒而责骂别人。

7.当你遇上麻烦时，你会迎面痛击。

8.你认为自己比大多数你所认识的人口才要好。

9.你喜欢参加“即兴式”的聚会和活动，而不喜欢那些经过精心策划的娱乐活动。

10.你可以泰然自若地与异性成员相处。

**完全解析**

把A组B组中选择“是”的回答分别加起来。当你在A组中选择的“是”比B组多，那么你就看“解析A”。当你在B组中的“是”比A组多，那么你就看“解析B”。如果两组的“是”都在5个（含）以上，就看“解析AB”。

**解析A**

跟周围大多数人比较起来，你的确比较关心自己的思想与情感。你爱干净，可以说是带有洁癖了，特别是在外表、习惯与饮食方面，你这种洁癖甚至有点“过了”。同时，你也是一个很敏感的人，别人的舆论，特别是褒贬毁誉对你的影响很深，当你遇到尴尬场合时，你的脸唰一下就红了。

你是个自我中心型的人——十分关心自己的利益。不过你的自我中心是属于内向型的，虽然你常常想维护好自己的利益，但是多数时候你不会表现出来，也不会这么做，除非环境给你极大的压力。你最关心的是自己个人内心层面满足，并不是来自外在的荣誉与赞赏。给你一点建议吧，不要常常因为关注自己的得失把自己搞得闷闷不乐，试着多走进人群中，试着伸出更友善的手，对别人多点信赖，这样的日子可能更好过些。

**解析B**

你绝对不是一个自私自利的人，你做任何事都展现出一种随和的天性，而你这种天性直接映出你对周围事物的兴趣所在。你对自己倒没有多少兴趣，你喜欢各种户外的拓展活动、社交活动。

尽管你是一个随和的人，但你缺少一点自我控制和推理，你好冲动，这样的个性会给你带来许多麻烦，如果你收一收自己的冲动，你的日子会过得比现在好。

你会适时地释放你的情感，不会让它们积压在心中，所以你不像A型性格的人那样因情感问题而受到困扰，每当有什么情感你会直接宣泄出来，这要源于你很容易摆脱一种情绪或情感，立即做出另一种情绪反应。

**解析 AB**

你是一个“自我”控制得很好的人，你懂得去了解他人的需求，替别人考虑，所以在日常的生活里你可以把这自我和他人的关系处理得非常完美。

你偏好和达官贵人打交道，因为这能满足你偏好社会声望的个性；这种个性也算不上势利，因为你有丰沛的“冲劲”去把握要求自己的权益，而你提出的要求也是公平合理的。

其实你是个“智慧的自我中心者”。你很明确自己要的是什么，在达到目标时，你会引以为荣，而你也会极力克制自己那颗容易做得太过火而变得自大自负或性情多变的心。

**心理贴士**

自我，简单来说是以自己的个性为中心，对自己的一种坚持与认识。自我与自私有很大的不同，自我的人给人一种倔强高傲的感觉；自私则一般指的是对自己的保护和隐藏，自私还可以引申到财富和情感上。自私的人有强烈的占有欲，不愿意与他人分享，不愿意帮助他人。

# 餐桌上的你

## 情景测试

在生活当中，一个比较“自我”人会因为忽略他人的感受而遭遇到尴尬的处境，你是一个这样的人吗？快来做一个有趣的心理小测试了解自己吧。

当你和朋友或其他人一起吃饭，在点菜的时候你会怎么做？

A.只点自己想吃的菜，不管别人是否喜欢

B.跟着别人，别人点什么就是什么

C.先把自己的意愿表达出来

D.主动点菜，再咨询别人的意见，再做更改

E.点菜的时候犹豫不决，慢吞吞的

F.先让店员介绍一下菜式再点菜

## 完全解析

选择A：你是个乐观派，生活中完全不拘小节。你做事果断但不计后果，在你看来，只要价格合适迅速做出决定的人是合理型的，根据饮食喜好直接选择的人是享受型的，那些在价格、内容上不断比较才决定的人是吝啬的。

选择B：你多是从众型的，做事小心翼翼，缺乏自己的想法。你往往忽视了自我的存在，对自己没有自信，大概已经忘了自己可以做选择，常立刻赞同别人的意见。

选择C：你性格直爽、胸襟开阔，一些难以启齿的事也可以若无其事地表达出来。你待人不拘小节，为人磊落，即便有时说话刻薄了一点，也不会被人记恨。

选择D：你做事一板一眼，讲究安全第一。但有时候过分谨慎，过多考虑对方立场。在听取别人观点的同时，别忘了自己最真实的想法。

选择E：你是小心谨慎，在工作和交友上经常犹豫的人。你给人最直接的印象是软弱、不堪一击，因为你想象力太丰富，在细节上过分讲究，缺乏掌握全局的意识。

选择F：你自尊心强，最不能接受别人的指挥。做任何事都追求不同凡响，总是坚持自己的主张。你做事积极，在待人方面，懂得维护双方的面子。

心理贴士

太过自我或者没有自我都是不行的。每个人都需要关注自己的需求，才能通过自己的努力去获取所需。古话说得好，“己所不欲，勿施于人”，在我们关注自己所需的同时，也要懂得照顾到他人的需求，这样我们与他人才能相处得愉快与融洽。

## 隐藏在面包里的性格

### 情景测试

很多时候，透过一些小喜好可以窥探出一个人的性格，选择面包的喜好也隐藏着大秘密，不管你信不信，做完这个测试你就知道了。

你爱吃什么类型的面包呢？

A.巨蛋面包

B.咸面包

C.包甜馅的面包

D.白吐司

E.香蒜面包

### 完全解析

选择A：你是个有恋母情结的人，每当想逃避现实时就会选择吃东西或者睡觉。

选择B：你总是在埋头努力，但别忘了要注意周遭的人际关系。

选择C：你很好逸恶劳，属于能坐着就不站着的人。

选择D：你的个性很天真烂漫，属于纯朴性格的人。

选择E：你是很自我的人，因此常常忽略别人感受。

### 心理贴士

每个人都有不同的习惯，这些习惯会因为成长的环境和经历不同而差别很大，反过来这些习惯也会对我们的生活产生不小的影响。在人生道路上前行时，要积极努力向前，有时候也需要时时停下脚步，观察一下自己，了解一下自己。只有时刻对自己有清醒的认识，才能生活得更好。

## 给你的“自我”程度打打分

### 情景测试

请对照自身的现实情况，认真完成以下题目：

1.你有广泛的兴趣爱好吗？

2.你的社交圈里各种类型的人都有吗？

3.你的情绪控制得很好吗？

4.与同龄人比起来，你活得更加逍遥自在吗？

5.在他人眼里，你是个成熟可靠的人吧？

6.你很少或者根本不会发生怀疑自己是否忘记锁门了，而反复折回家门口仔细检查再三才肯出门的事？

7.你从未因为要出行感觉到人生充满意外之险而很悲伤？

8.你不喜欢搞个人崇拜，也不喜欢在朋友们面前自吹自擂。

9.你会因为心里有事而睡不着觉或睡不好觉吗？

10.对于紧张的工作你是避而远之吗？

11.你是否坚持要别人按照你的想法来做事？

12.你在做事情之前根本不需要思考就可以马上下决心吗?

13.你是一个主观性很强，做事冲动的人吗?

14.你很看不顺眼那些做事慢条斯理的人吗?

15.每当你家里要添置大件的物品时，都是由你做主吗?

## 计分方法

1~8题，答“是”计2分，答“否”计1分，答“说不清”计0分。9～15题，答“是”计1分，答“否”计2分，答“说不清”计0分

最后将各题单项分数相加得出总分。

## 完全解析

24～30分：你的“自我”意识相当强烈，不仅要求别人要认同你的想法，还要把这种想法灌输到别人身上。

16～23分：你的“自我”比较成熟，自我认同感较深刻，在实际生活中希望可以得到别人的认同。

6～15分：你在某些时候会有“自我”意识，但这种意识常常被遗忘在工作学习中。

0～14分：你在别人眼中真的是一个没有“自我”意识的人，可能连你自己都淡忘了自我的存在，有时候不得不佩服你这种没有脾气的脾气，但也不得不说，你的确是一个没有个性的人。

## 心理贴士

从这个测试中可以看出，“自我”意识很强烈的人大多性格比较外向，喜欢冒险，遇到挑战时可以坦然面对；有相对成熟的“自我”意识的人，是善于反省的人，他们喜欢过恬静而有秩序的生活；有一定的“自我”意识的人，相对比较沉默，对于外部环境的适应能力要差一些；而缺乏“自我”意识的人，则会很孤独，经常会有焦虑等情绪出现。

## 心理学知识：自我

弗洛伊德认为，人格结构分为本我、自我、超我三部分。本我指的是原我，是原始的自己，这部分包括生存所需的基本欲望、冲动和生命力。本我是核心的人格结果，是一切心理能量之源。本我的行事原则就是快乐为本，它不需要去配合社会道德、外在的行为规范，它的要求就是获得快乐，避免苦楚。本我的目标看起来也是很简单的，就是尽力去追求个体的舒适感，可以自然地生存及繁殖，本我是不需要意识来控制的，通常不被个体所觉察。

自我，其德文原意即是指“自己”，这部分是由自己意识控制的，包括执行思考、感觉、判断或记忆的部分。自我的作用是寻求“本我”冲动得以满足，同时又可以保护整个机体不受伤害，它尊崇的是“现实原则”，为本我服务。

超我，在人格结构中代表“理想”，它是每个人在成长过程中经过内化道德规范、内化社会及文化环境的价值观念而形成，其功能主要在监督、批判及管束自己的行为。超我的目标比较高，不只是满足，而是追求完美，它和本我一样都是非现实的。超我大部分也是无意识的，超我要求自我按社会可接受的方式去满足本我，它所遵循的是“道德原则”。

## 心理学知识：自我意识

不同科学家对自我意识的定义有着不同的看法，这里我们倾向这个观点：自我意识是人类对自己身心状态和对自己同客观世界的关系的意识。自我意识由三个部分组成：第一，对自己及自身状态的认识；第二，对自己肢体活动状态的认识；第三，对自己思维、情感、意志等心理活动的认识。根据这个理论，自我意识不仅是通过人脑思考对主体自身的意识与反馈，而且这种反馈还要与人所处的环境和发展状况相结合，特别是人际关系的约束和影响，有时候人际关系的影响会改变一个人原来的自我判断，甚至会让你“判若两人”，所以自我意识在另一个角度上也反映人与周围现实之间的关系。自我意识是人类特有的反映形式，这种意识是其他动物没有的，这也是人类心理有别于动物心理的一大特征。

古人云，“人贵有自知之明”。由这句话可以看出，人必须有全面而正确的自我认知，因为正确的自我认知是健全的自我意识基础，也是作为人类可以优于其他动物的关键。自我认知是从多方位建立的，既有自己的认识与评价，也有他人的评价。那我们应该如何正确地认识自己呢？目前的我们足够了解自己吗？请认真仔细地想一想，用各种形容词对自己进行评价，要忠实于自己的内心感受，越多越好。在此基础上，了解对我的评价，从父母眼中的我、朋友眼中的我、同学眼中的我、恋人眼中的我、同事眼中的我，你再从这些不同的评价中找出共同点，并且将其归类。你描述得越多，你越会找到比较正确的自我。

## 心理学知识：自我中心倾向

心理学家皮亚杰认为：不同年龄阶段的人或多或少都会保留不同程度的自我中心倾向。

自我中心是人的一种个性特征，如果过分自我中心，会给你的人际交往产生障碍。过分的自我中心者在做事情的时候往往以自己的需要和兴趣为中心，过分关心自己的利益得失，却忽略了别人的兴趣或利益得失，爱从自己的经验去认识和解决问题，而又听不进他人的意见和建议，有时候甚至盲目坚持自己的意见。

怎么做才可以让这种自我中心保持在一个平衡的点上呢？其实人与人之间的交往讲究的是互惠原则，如果在交往中一味追求满足自己，处处维护自己的自尊而不考虑其他人的感受，最终的结果就是让自己封闭起来，处于自我封闭和自我隔绝的状态。毋庸置疑，这种状态是一种最差的状态。作为在社会上的一个个体，我们都应该正视社会现实，在必要的时候做出妥协和让步会让你赢得更多。

# 你从来都没发现的另一个自己

一个人通常会有很多面，在不同的情况下，我们可能会表现出不同的一面。但很多时候我们对自己的其他个性并不了解，甚至觉得自己根本不存在这种个性，殊不知这些隐藏的个性其实是你性格整体的一部分，也在时时刻刻影响着你的生活。

## 不一样的心理年龄

### 情景测试

说到人的年龄，可以分为外在的年龄和内在的心理年龄，有些人实际年龄已经很大，但他的心理年龄却依然像孩子一样；有的人看起来年纪轻轻，但内心已经非常成熟。想知道自己心理年龄是多少吗？是年轻还是更成熟呢？那就请做完下面的这些测试吧，你可以通过全面的考核和测验认识到你最真实的心理年龄。

1.一旦下决定的事，你会马上去做。

2.你喜欢凭经验做事。

3.对任何事情都有探索精神。

4.说话慢条斯理并且啰唆。

5.经常忘事。

6.烦心、怕做事、不想活动。

7.对小事斤斤计较。

8.喜欢参加各种活动。

9.越来越固执。

10.对任何事情都充满好奇心。

11.对生活有强烈的追求。

12.很难控制自己的感情。

13.容易嫉妒别人，情绪很容易悲伤。

14.对待那些不合理的事情也没有什么反应。

15.不喜欢看言情小说。

16.开始不喜欢看电影和爱情小说。

17.做事情经常虎头蛇尾。

18.不愿意改变旧习惯。

19.喜欢回忆过去。

20.学习新鲜事物感到力不从心。

21.过分关注自己身体的变化。

22.对生活的兴趣范围越来越小。

23.看书的速度变快。

24.动作的灵活性不够。

25.一旦感觉疲劳就很难复原。

26.早晨和上午比较头脑清醒，晚上就没有这么好的状态。

27.对生活中的挫折感到烦恼。

28.自信心不足。

29.要集中精力思考时感到很困难。

30.工作效率低。

## 计分方法

| 题号 / 得分 / 选项 | 1 | 2 | 3 | 4 | 5 | 6 | 7 | 8 | 9 | 10 |
|---|---|---|---|---|---|---|---|---|---|---|
| 是 | 0 | 2 | 0 | 4 | 4 | 4 | 2 | 0 | 1 | 0 |
| 否 | 2 | 0 | 4 | 0 | 0 | 0 | 0 | 2 | 0 | 2 |
| 不一定 | 1 | 1 | 2 | 2 | 2 | 2 | 1 | 1 | 2 | 1 |

| 题号 得分 选项 | 11 | 12 | 13 | 14 | 15 | 16 | 17 | 18 | 19 | 20 |
|---|---|---|---|---|---|---|---|---|---|---|
| 是 | 0 | 0 | 2 | 2 | 2 | 2 | 4 | 2 | 4 | 2 |
| 否 | 4 | 2 | 0 | 0 | 0 | 0 | 0 | 0 | 0 | 0 |
| 不一定 | 2 | 1 | 1 | 1 | 1 | 1 | 2 | 1 | 2 | 1 |
| 题号 得分 选项 | 21 | 22 | 23 | 24 | 25 | 26 | 27 | 28 | 29 | 30 |
| 是 | 2 | 2 | 2 | 2 | 4 | 2 | 2 | 2 | 2 | 2 |
| 否 | 0 | 0 | 0 | 0 | 0 | 0 | 0 | 0 | 0 | 0 |
| 不一定 | 1 | 1 | 1 | 1 | 2 | 1 | 0 | 1 | 1 | 1 |

把以上的每个小题得分加起来，就可以得到一个测评的分数，然后可以到后面相对应选项中去找到属于自己的心理年龄。

## 完全解析

76分以上：你的心理年龄为60岁以上

66～75分：你的心理年龄为50～59岁

51～65分：你的心理年龄为40～49岁

31～50分：你的心理年龄为30 ～39岁

0～ 30分：你的心理年龄为20～29岁

## 心理贴士

分数出来了吧？你是比实际年龄年轻还是成熟呢？不管是一个怎样的结果，每个人都应该保持一个年轻的心态，把自己的情绪控制好，积极乐观地面对每一天的生活。高兴时不得意，失意时不消沉，只要拥有一个健康良好的心态，你会发现生活如此美好。

# 色即是空

## 情景测试

“色即是空，空即是色。”虽然男士平时总爱拿这句话说事，但男人们的眼睛却在到处搜寻和欣赏周围的美女。要想知道你是不是一个好色的人，做一个小测试就知道了。

题目：如果你一个人走在路上走着走着，一个不小心跌倒了，这时候你应该怎么办？

A.假装没事站起来，继续前行

B.坐在地上，笑一笑觉得自己很糗

C.看一下自己被什么东西绊倒的

## 完全解析

A.好色指数60%。你算是好色的人，但是色字头上一把刀，你懂得如何把握。你很清楚这个社会是一个怎样的社会，不会轻易去招惹突然主动来投怀送抱的人，你考虑的方面很多，因此在选择对象的时候是非常理性的。

B.好色指数30%。你应该说是色大胆小的人，光有一张嘴却没有胆量去行动。你不能算是好色，大部分时候就是说说而已。

C.好色指数99%。绝对是一个好色之徒，你只要有机会就决不手软。你很懂得制造这样的机会和情境，都不需要自己动手对方就把持不住先上门了。

## 心理贴士

俗话说，君子爱财，取之有道。在这里也可以说成，君子好色，色之有道。人的生理能量是巨大的，在生活中应该以不同的方式释放积压的能量。在一定程度上好色并不可耻，但过度的好色就会成为一种病态，不仅是给别人带来影响，也影响到自己的正常生活。在好色这件事上应该有一个合理的安排，合乎自然的生活，才是生活的幸福之道。

## 从字迹中看一个人的性格

### 情景测试

中国人都爱讲一句话："字如其人。"西汉著名的辞赋大家扬雄说："书，心画也，心画形，君子小人见矣。"通过一个人写字的字迹和书写习惯可以了解这个人的品性和心理状态。如果你刚相识一个朋友，想要了解他的为人，除了观察他的言行举止外，还有一个好办法，就是让他们写几个字，透过观察字迹可以帮你判断这个人的个性。

1.字的形态

A.圆滑

B.四方四正

### 完全解析

A.勾字笔画圆滑一步到位者做事动力十足，勇往直前，在群体中往往扮演着领袖的角色。而这类人在待人处世方面也比较圆滑，懂得如何处理好人际关系。

B.勾字笔画四方四正有棱有角者通常循规蹈矩、待人率直，但他也有弱点，说明有时不知变通。

2.字的大小

A.字体粗大

B.字体细小

### 完全解析

A.写字字体粗大的人性情爽快，执着有主见，但有时候会因为过分爽快以及固执使得下的结论有失偏颇，也常常引起判断失误。

B.写字字体细小的人性格温柔婉转，通常女性这种字体比较多见，代表她善解人意，但在处事上会因胆小显得信心不足。

3.字的长短

A.长形字

B.扁形字

**完全解析**

A.字体修长的人，是一个如君子般气度非凡、可信任的人。

B.字体扁平矮短的人，是一个吝啬小气，做事情不情不愿且颇多怨言的人。

4.字体歪斜程度

A.左歪

B.右倾

**完全解析**

A.字体歪斜向左的人大脑逻辑性很强，这种人比较喜欢研究数理推断，凡事条理分得很清楚，喜欢讲道理，认为不合理的事一定会马上拒绝，可说是个执着的老实人。

B.字体歪斜向右的人充满艺术细胞，想象力丰富，尤其喜欢做白日梦。这类人很适合从事艺术及设计行业的工作，不然就会浪费了那些奇思妙想。

5.笔力大小

A.力度大

B.力度小

**完全解析**

A.笔画用力甚重者做人耿直，遵守纪律，但又带点保守、固执；做事情有时候不讲究细节，行为鲁莽；处世则喜欢划清界限，爱憎分明，会为不平事而强出头。

B.笔画力度轻者柔弱散漫者性格比较懒散，做事慢条斯理；喜欢被保护，在遇到危机时会方寸大乱，独自应变的能力较差。

6.字的风格

A.字体常常越界

B.笔画大气清楚

C.字迹潦草

**完全解析**

A.写字超越方格或行线者做事不拘小节，气度大，但有时候过度勤奋没有考虑自己的能力，经常会做出吃力不讨好的事。

B.写字笔画大气清楚者处世能力很强，在人际关系和处世方面，都能处理得恰到好处。

C.写字潦草者是一个马虎派的人，他性情急躁草率，做起事来虽然迅速，但粗枝大叶，往往会忽略或忘记一些较为重要的事情，而这类人也经常会在工作等各方面出错。

7.全篇文字的密集程度

A.密集

B.疏散

**完全解析**

A.全篇文字密集表示这个人心思缜密，意志坚强，内敛含蓄，但报复心理较重，占有欲很强。

B.全篇文字疏散表示这个人做事粗枝大意，虽然对事不会斤斤计较，但也不懂得主动去关心他人，给人不够稳重的感觉。

### 心理贴士

书圣王羲之曾说：“若不端严手指，无以表记心灵。”这话就看出写字与人心理的关系。所谓字如其人，一个人在写字上就可以看出他的态度，所以在写字的时候端正态度是首要的，提笔需慎重，写字要认真，太过于随便潦草的字迹会让人对你的印象扣分哦。

## 沙漠中的泉水

### 情景测试

你是一个戒备心理很强的人吗？可以从这个测试看出你性格的另一面。

假设你正在沙漠中旅行，此时的太阳很强烈，你已经很渴，又累又热，突然让你看到前面有一片绿洲，只有一间小木屋，屋主不在，屋门是开的，恰好桌上摆着一杯你日思夜想的清水，这时候的你会怎么做：

A.不管三七二十，一口喝下去

B.心里有一阵犹豫，但还是忍不住一口一口喝下去

C.想都不用想，坚决不喝

D.有所顾忌而不敢喝

### 完全解析

选择A：你对人没有什么防备心，不经世事，就算是遇到陌生人都可以坦诚相待，一如知己。

选择B：你是一个有点阅历的人，看问题有自己的一套见解，也能够坚持自己的想法。

选择C：你是一个没有安全感的人，对周围的人充满了警戒心，丝毫不相信别人。

选择D：你对自己很没有自信，很多事情宁愿交给别人判断。

### 心理贴士

弗洛伊德指出："自我使用各种程序来逃避危险、焦虑和痛苦，我们将这些程序称为防御机制。"防御机制是意识之外的心理成分，这个机制的作用是最大限度地减小冲突，减低紧张感，尽可能地保持内心的平衡和自尊，对焦虑有重要的作用。

## 扑克牌中的花色

### 情景测试

别看扑克牌很普通，它也可掩藏一个人内心的秘密！相传扑克牌是根据历法设计而成的，因为一年中有52个星期，所以一副扑克牌有52张。红桃、方块、草花、黑桃四种花色分别象征着春夏秋冬四个季节。

四种扑克的花样，你最喜欢哪一种?

A.红桃

B.黑桃

C.方块

D.草花

### 完全解析

选择A：红桃象征着智慧和爱情。

选择B：黑桃象征你希望安定。

选择C：方块象征财富。

选择D：草花象征运气。

心理贴士

扑克牌除了可以用来娱乐以外，还可以帮助使用者进行自我心灵对话，了解自己无意识的思维习惯。心理咨询师就经常选用扑克牌对病人进行心理疏导，希望可以通过这种轻松的方式消除病人的不良情绪。

## 小猪的故事

### 情景测试

每个人内心深处都隐藏着自己不敢面对的“鬼”，它无时无刻不在影响着你的生活。你想知道在你心灵深处住的是什么样的鬼吗？做一做下面的小测试就知道了。

有一天，一只大肥猪和一只小瘦猪在森林里遇到了一只大灰狼，你觉得这个故事怎么接下去比较合理呢？

A.大肥猪吓唬小瘦猪说：“大灰狼要吃掉你啦！”

B.小瘦猪害怕地对大灰狼说：“别吃我，我又瘦又小，大肥猪才可以做出更多的肉肠。”

C.大肥猪对小瘦猪说：“别怕，我可以保护你，我又大又壮。”

D.大肥猪和小瘦猪都被大灰狼吃了！

E.它们三个其实是好朋友。

### 完全解析

选择A：你内心里的“鬼”是一个有霸权主义的将军。无论你平时给别人的感觉是多么温顺，内心的你都是一个充满优越感的人。你是一个自信的人，在某些方面你甚至觉得你比别人优越很多，你就算帮助别人时也想展现自己的这种优越感。

选择B：你内心里的“鬼”是一个胆小怯懦的小女孩。你是一个缺乏安全感的人，经不起任何的突发状况，一旦发生异常状态就会使你忧郁不安很长时间。如果自己都不能说服自己，那么别人的安慰也起不到任何作用！为了保护自己，你的思想和行为也容易因为害怕而变得具有攻击性。

选择C：你内心里的“鬼”是一个乐观、具有正义感的“英雄”。你的内心是正义公平的，你希望这个世界是公平的，你也承认世界美好和邪恶并存，而且相信通过自己和大家的努力，邪恶也能被克服。因此在日常生活中，你积极努力去争取，不容易放弃，要你屈服可不是那么容易的事呢！

选择D：你内心里的“鬼”是一个老成持重的老人。你有着和年龄不相称的成熟，也许你实际年龄很年轻，但内心就如老人一样，有自己的一套惯性思维来看待进行中的事物。有时候会因为你对某件事物悲观的预测，而放弃了努力的机会；有时候遇到喜欢的东西，也会莫名其妙地把它当作是“无理要求”而压抑自己的情感，这样的生活很辛苦呢。

选择E：你内心里的“鬼”是一个天真乐观的小孩。你就像一个天真无邪的小孩一样，对这个世界充满乐观和积极。你希望所有邪恶的事物都被美好所感化，所以，你对他人是真诚的，没有任何防备之心。

### 心理贴士

不做测试，你可能不会发现隐藏在内心深处的自己。但对着测试结果，你会发现，原来那颗时不时被自我压住的想法其实是真实的存在。每个人都有两面性，只要正确去对待，引导自己，在适当的时候释放天性也不是坏事。

## 你是否是一个善于玩弄心计的人

### 情景测试

TVB的《宫心计》你看过吗？里面一个个玩弄心计的坏人是不是让你觉得咬牙切齿，而现实中的你是不是一个有心计的人呢？做做下面的测试就知道啦。

以下哪个活动是你觉得春节一定要做的？

A.贴春联

B.拜年

C.讨红包

D.团圆饭

## 完全解析

选择A：心计指数15%。选“贴春联”的人是一个心胸光明的人，在你的心中，一个人如果善于玩弄心计就不是一个光明磊落的人，你唾弃别人这么做，你自己也不会做。你做人、做事都是规规矩矩，按自己的能力来，特别讨厌那些见不得人的小动作。你本着诚实、豁达对人对事，是难能可贵的品质，但你要知道，社会上不是每个人都这么善良，不是人人都值得以礼相待的，你要小心从背后射过来的冷箭。

选择B：心计指数30%。选“拜年”的人是一个天真无邪的人，有时候你会觉得玩点小心机也不错，但你的确在这方面不是能手，想的计谋脱离实际，基本没有可操作性，而且执行过程中还沉不住气，三两下就露了自己的底。劝你还是不要和别人玩这一套，因为你不是对手，免得最后落得个“机关算尽太聪明，反误了卿卿性命”的下场。

选择C：心计指数50%。选“讨红包”的人是一个心肠软的人，你是否会要心计就得看你想不想了。你具备玩弄心计的本事，但你会因为软心肠而放弃实施计划，其实你的计划是很完美的，就是不够狠。即使好不容易狠下心开始执行了，也无法作出最后的一击。

选择D：心计指数87%。选“团圆饭”是一个典型的怀柔分子，“笑面虎”绝对是你的代名词，你在外人看来绝对是一副笑容可掬的样子，因为你认为双方合作才能成大事。可是，一旦有人触犯或阻碍到你，你就会用计策算计对方，比对方还狠，毫不手软。

### 心理贴士

这个社会复杂多面，人也形形色色，我们在与人相处时会展现不同的面目，这也说明我们每一个人的性格中都有很多侧面。面对陌生人时我们常常会有所防备，而面对家人我们则坦诚相对、充满爱意，面对好友时我们则直率热情。这种不同的面目恰恰体现了人内心的多面性，也正因为多面性才组成了一个完整而真实的自己。

## 双重人格

### 情景测试

在现实的社会生活中，人们往往带着面具去生活，并不是因为大家喜欢伪装，更多的是自我保护的需要，这也是自我人格的特点。你有时候表现得淡定自如，但内心隐藏着另一个自己。你想知道你是如何处理和另一个自己的关系的吗？下面就来做一个小测试吧。你正要去上班，匆匆忙忙在地铁即将开走的时候上了车，凭直觉你觉得这是第几节车厢？

A.第一节车厢

B.前半段车厢

C.后半段车厢

D.最后一节车厢

### 完全解析

地铁在这里被看作是另一个你，乘坐的车厢代表另一个你在自己心中所占的分量。

选择A：乘坐第一节车厢，表示内心的另一个你会经常表露出来，换个角度讲就是你是一个情绪化的人，经常做出别人觉得很意外的事。

选择B：乘坐前半段车厢，表示另一个你不是经常出现，但在你感情发生变化的时候会冒出来。

选择C：乘坐后半段车厢表示另一个你基本上隐藏得很好，平时不太显露。当压力到达你无法承受时，另一个你就会爆发出来，你看起来就像突然换了一个人似的。

选择D：乘坐最后一节车厢表示另一个自己妥善地隐藏在内心深处，你基本上就如一个演员一样永远戴着面具，让人捉摸不透。

心理贴士

可能做完测试你会发现，怎么这个自己我都不知道呢？我真的有这样的一面吗？其实不必太过惊慌，我们常常把那个真实的自己隐藏在心底，特别是来到一个陌生的环境或者找不到安全感时，就更加不会表露自己，所以，想要多了解自己，就必须在日常里多观察自己的言行，才可能捕捉到那个被隐藏的自己。

## 手表的赞美

### 情景测试

现在很多人不把自己的钱放银行，而是在适当的时候投资，有人炒股，有人买基金，应该说这是现代人的理财方式。当然，你不会理财，但你是一个会花钱的人也不错。不妨做个小测试，看看你是不是个会花钱的人吧！

当别人赞美你的手表漂亮时你会怎么做？

A.赶忙回答，“哪里，这个是便宜货。”

B.“真识货，这个可是名牌……”顺手把手表的所有功能炫耀出来。

C.表示很高兴，和别人说一声谢谢。

D.“你也有只漂亮的表，不是吗？”赞美别人时趁机再一次赞美自己的手表。

## 完全解析

选择A：你是一个内心世界很复杂的人，很难从你的外表去判断你的内心想法；同时你是个很理智的人，从来不会因为要面子而浪费钱。你的衣着及生活用品都是根据自己的需求量力而行，别人的评论左右不了你。

选择B：你比较爱慕虚荣，物质欲高于你的精神欲，会为了满足一下自己的虚荣心而花掉所有的钱。还是改掉这个坏毛病吧，免得别人说你虚荣和庸俗。

选择C：你对钱是很理想客观的，你不会乱花钱，也不会追逐时尚而浪费。你是一个很适合做恋人或者生意伙伴的人，让人很放心。

选择D：你懂得扩展自己的人脉，在工作、事业上也会有所发展。但如果你坚定地选择了这个答案的话，你的自卑心理和自尊心理一样强烈。

### 心理贴士

我们都知道，有时候内心深处隐藏了另一个自己，别人不知道，自己有时候也不知道，这是我们的性格作祟。性格的形成既有先天的因素，也有后天的因素，这正是人性格中最奇妙的部分，它是这么特别又让人捉摸不透。

# 你的微笑

## 情景测试

我们从一个人的笑容可以看出他的心情，但不是每个笑容都是表达一样的心境，你知道笑容也可以看出一个人的心机有多重吗？来做做测试，看看你的心机有多重。

有一个小朋友正在上课时，突然想上厕所，便举手说："老师，我要大便！"老师非常地生气地说："不准你用这么粗俗的字眼，不准去！"可是那小朋友实在受不了了，想了想，对老师说："老师，我的屁股想吐！"听到这里，你会怎样笑呢？

A.呵呵的冷笑或是干笑

B.遮住嘴巴笑

C.嘴巴张得大大的，毫不掩饰地笑

D.想憋又憋不住，突然笑了出来

**完全解析**

选择A：心机指数90%。你是一个很有心机的人，不管是明还是暗，你都在时刻地观察别人的动态。你可以自由地操纵别人，以达成目的，是个厉害的狠角色。

选择B：心机指数70%。你是那种宁愿自己生闷气，也不轻易说出来的人，你把自己封闭起来，但又希望别人可以主动了解你，为人有点现实且有点固执。一旦你做了决定，是别人改变不了的。

选择C：心机指数40%。你是很单纯的人，你做人很有担当，会听别人的建议，但不会轻易改变自己的想法。通常待人两极化，不是友善就是恶劣，因为你是个爱憎分明的人，难和讨厌的人来往。

选择D：心机指数60%。你是一个心地善良的人，乐于帮助别人，特别是朋友有难时，你肯定挺身而出。但是你却是最常忽视自我需求的那个人，常可能为了别人而牺牲自己。

**心理贴士**

做人其实不容易，太有心机让人害怕，太没有心机又容易受伤，平衡一个度很难，但也是每个人的必修课，只有不断地历练才可以提升自己。如果你可以做到对人对事收放自如的话，那你就是一个成功的人。

## 心理学知识：本能

本能代表一个人与生俱来的特点，不需要通过学习就会的举动或反应。它是由先天遗传下来的，但在个体发育过程中随着成熟和适当的刺激经验而逐渐表现出来。像鸟筑巢、蜂酿蜜、鸡孵蛋等，都是特定物种所具有的先天的能力。

在20世纪初，科学家弗洛伊德将人类的本能定义为生理需要在心理上的表现。他认为人与生俱来就有多种需要的，也就产生了多种本能，这种本能推动并决定着人的行为方式，其最终目的在于消除人体的需要状态。不过，弗洛伊德只是提出这样一个理论，并未详细考察人究竟有多少种本能，他觉得到底有多少种本能应该由生物学来研究。他只是将本能简单归为两类：与生命保存有关的生本能和为死亡服务的死本能。这里讲的生本能包括饥饿、性欲、口渴等。他认为，这些生物本能在人的生命早期得到满足的情况将决定一个人成年之后的行为模式。死本能则是体现在暗中的，它派生出破坏本能和攻击本能，等等。当死本能指向内部时，就会让人有自杀自虐的倾向，而当死本能指向外部时，就会对他人进行攻击、仇视甚至发起战争。

## 心理学知识：心理年龄

心理年龄是指人的整体心理特征所表露的年龄特征，不同人的心理年龄不一样，有的人心理年龄与实际年龄一致，有的人心理年龄与实际年龄相差很远。正常情况下，人的一生共经历8个心理时期，即胎儿期、乳儿期、幼儿期、学龄期、青少年期、青年期、中年期、老年期。不同的心理年龄期有不同的心理特点，这些特点也是大不相同的，如人在幼儿期一般都是天真活泼，就像花儿一样的；到了青少年期人的自我意识开始增强，身心飞跃突变，心理活动进入剧烈动荡期，也就会出现我们常说的青春期躁动；进入老年期，心理活动趋向成熟稳定、老成持重、身心功能弹性降低，所以我们看见的老人通常会很平静，就像看破了人生世事一样，但老年人也会因为心理过于成熟，情感容易倾向忧郁、猜疑。

我们都会讲，永远保持一颗年轻的心，人也才年轻，说是这么说，但要保持起来很难，乐观积极就是一种好的方法。但有的时候人过于乐观，也给人一种不够稳重的感觉。衡量一个人心理年龄是否健康通常会采用这两个标准：第一个是，一个人的实际年龄尽量与心理年龄、生理年龄相符；第二个是，人在不同心理发育期应表现出与该时期身份、角色相符合的心理特征。

## 心理学知识：笔迹心理学

在前面我们做过关于字迹的测试，其实笔迹心理学是应用心理学的一种，笔迹心理学家们通过研究证明笔迹与心理健康之间有一定的联系，对我们判断一个人的心理健康也是有很重要的意义。通过分析写字的力度与斜度、字体与字结构、空格与空白、签名风格等，能够大概判断出写字者当下的心理健康方面的问题。目前对笔迹心理的研究主要分为两个学派：格式塔学派和特征学派。以下的七个大类是笔迹学家雅曼的研究成果。

1.人类精神和肉体的能量可以通过书写的压力反映。

2.书写人对外部世界的态度可以从笔画结构方式反映出来。

3.书写的大小是自我意识的反映。

4.思维与行为的协调性可以从连笔程度看出来。

5.字和字行的方向是人自主性及社会关系的反映。

6.一个人的理解能力可以影响他的书写速度。

7.一个人对外部世界的占有欲可以从文章的整体布局看出来。

# 你有哪些性格优劣势

人们常说，性格决定命运。我们都知道培养一个良好的性格对人生十分重要，每个人都在不断探知自己的性格，并试着改掉自己性格中不好的部分，因为我们都想拥有一个完美的人生。有一句俗话说得好，“尺有所短，寸有所长”，人都是有自己的优缺点的，人无完人，如果我们能够在事业和生活中扬长避短，最大可能地发挥自己的性格优势，那么就离成功不远了。

## 标准的性格基因测试

### 情景测试

美国和以色列科学家曾用基因来解释和判定人的性格，而他们的研究结果也表明了基因和性格是大有关系的。实验中科学家发现那些爱冒险的人，不安分的人，通常D4DR较长，因此接受多巴胺较多，这才可以不断保持他们对新鲜事物的好奇心。有时候我们会说一家人的性格就都很像，原因就在于他们有着相同的基因。下面我们通过一个小测试来看看自己有什么样的性格基因，也来了解一下我们的性格基因对我们的行为产生了什么样的影响。请按顺序回答下列的问题。

1.去年至少看过一次美术展览，家中书柜里至少有一本和美术相关的书籍？

YES→2

NO→3

2.你的文科成绩比理科成绩要好？

YES→4

NO→5

3.你还可以准确说出五位小学同学的名字，并且人和名对得上号？

YES→5

NO→6

4.你有朋友从事艺术创作或者相关领域的工作？

YES→7

N0→8

5.你曾经组过乐团或参与过任何与美术音乐有关的表演活动？

YES→8

NO→9

6.你觉得自己的记忆力和表达能力都不错？

YES→9

NO→10

7.你现在是长发飘飘，或者正在留长头发？

YES→11

NO→12

8.你比较内向、少言，很难和别人打成一片？

YES→12

NO→13

9.你很喜欢毛绒玩具？

YES→13

NO→14

10.你很喜欢阅读，不喜欢人挤人的公司？

YES→14

NO→15

11.你曾经为人亲手画过图或是制作过卡片？

YES→16

NO→17

12.曾经送过花给人，或是曾收过他人送的花？

YES→17

NO→18

13.你有没有体重超标的烦恼？

YES→18

NO→19

14.你喜欢飙车的速度感？

YES→19

N0→20

15.相比鸢尾花，你更喜欢向日葵？

YES→20

NO→21

16.你曾经因为犯错而被处罚？

YES→22

NO→23

17.你是一个对数字敏感的人？

YES→23

NO→24

18.你觉得蓝色作画比红色更有感觉？

YES→24

NO→25

19.你每天都会喝很多水？

YES→25

NO→26

20.相比前拉斐尔派作品，你更喜欢德国表现画？

YES→26

N0→27

21.你喜欢写实画派，而不喜欢抽象画派？

YES→27

NO→28

22.曾有人对你说过你是一个捉摸不透，不按牌理出牌的人？

YES→B类型

NO→A类型

23.你把自己的房间打扫得很干净，做事很认真？

YES→B类型

NO→C类型

24.你讨厌拍照？

YES→C类型

NO→D类型

25.你觉得空间太大的时候反而没有安全感？

YES→D类型

NO→E类型

26.你是一个不拘小节的人？

YES→F类型

NO→E类型

27.你不相信算命和轮回？

YES→F类型

NO→G类型

28.今年有至少一次的旅行计划？

YES→G类型

NO→H类型

## 完全解析

### A类型

性格基因：你是一个自信满满的人，你犀利、口才好、头脑清楚，有着良好的洞察能力，不大会感情用事，而且深懂分寸拿捏，与他人的相处也维持得不错。尽管有时你热情高涨待人，但大半时间都是过着一个人的生活，外人看见的你其实不是真实的你，你把自己的情绪管理得很好，不太信任他人，宁可孤独一人也不愿冒险。你是一个理想主义者，对于金钱不太关注，对你来说，可以得到社会的认可比金钱上的收获还重要。由于不喜人群，尽管可以和别人和平相处，但人际运起伏很大，尽管给人独特博学和知性的感受，但始终有一点距离感。A类型的女性愿意为爱牺牲奉献，但这种付出和收获总不在一个比例上，A类型的男性则是一生受制于情爱。

生命路线：你需要学习生命的弹性，不要总是一厢情愿去看待这个世界，应该多借助他人的视野。若不想总是和机会擦身而过，就要改变你这种任性、过分自信的态度，不然你会失去更多。如果你一直高处不胜寒的话，随着年龄渐长，你的这种孤独感会愈演愈烈，甚至会让你觉得很痛苦。清高不是不好，不过你需要呼吸“正常”空气。感情和人际关系需要妥协和多一点考虑别人的感受，才能避免跌跌撞撞；工作和学习方面，不能仰赖贵人和运气，多一点儿对自己的反省，时不时调整一下步伐，重新出发，这样比那些空无缥缈的远大理想来的实际。

**B类型**

性格基因：你是一个有个性的人，拥有独特的人生观，拒绝随波逐流、人云亦云，但内心的你又害怕和担心脱离团体会失去更多，所以长时间都处在纠结和矛盾中，不知是要坚持自己还是要认同他人，这样也会让你在机会降临时犹豫不定，因此经常错失良机或是误判情势。你的外表看起来乐观开朗，时不时还会让人惊喜，不过你的内心像个孩子，害怕寂寞和被边缘化。对你来说，最难的事情是同意那些你内心觉得不同意的事，妥协对你来说是痛苦、无奈的，但你时不时总会让自己妥协；你也意识到这一点了，告诉自己要懂得平衡、理性、不感情用事或是与现实脱节，但多数时候你只不过说说而已，说得多做得少。

生命路线：不甘寂寞又不愿意妥协的个性就是让你矛盾纠结的地方，虽然你聪明伶俐、思维敏捷，但总是会出现那些突发状况，导致你很难融入人群中。你经常在摇摆不定且难以安定下来中过日子，所以工作、爱情和人际关系都很难稳定发展。你也很苦恼，很想知道该怎么做。放松一下吧，试着说到做到，调适生活脚步，将生活导向正轨。

你也很容易受环境影响，你长期说一套做一套让别人觉得很不可信，你千万要改掉这个毛病，不然再聪明也交不到朋友。也许你的财务状况也不好，当务之急就是理财，别老是寅吃卯粮，搞到最后还得举债度日就不好了！

**C类型**

性格基因：你喜怒无常，脑子里有各种各样的奇怪想法，与别人的和谐相处只是自己戴着面具做人而已。别人不懂你，有的时候你自己也不懂得自己是个怎样的人，甚至掌控自己都不容易。你富有冒险精神，对于不正常或是特异的人、事物最感兴趣。所以在外人看来，你最喜欢和那些怪异的人和物接触，因为你本身就是个奇怪的人，你可能会为了尝试新事物放弃目前稳定的生活，虽然你努力在过让别人看起来正常的生活，暗地里却经常有跳脱现实的冲动。

生命路线：太超脱的生活方式并不美好，越成熟就越应该过正常的生活。尊重对自己和他人的承诺，是让生活“正常化”的第一步。不要让自己的独角戏把所有的剧情都演完了，应该让别人也加入，这样才有互动，才是最合适的状态。对你来说你的感情问题处理得并不好，你经常挑选难题，讨厌容易到手的机会，对于事物容易感到厌恶，尽管兴趣广泛却难以专精。有时候你觉得这样是成就感，但事实上这是最危险的成就，等到中年之后，你才发现原来那些所谓的成绩一文不值，到时候你才觉得生活原来这么悲哀。你或许不知道，有时候当一个聆听者比当一个演说者还要重要，因为你缺乏同理心，无法感同身受，所以很难触及他人的生命体温，和他人无法有深刻交集，这也让你的工作、学习和人际关系上多少会受阻或是被误解。你的魅力可能会给你带来负面的争议，近来如果觉得生活不太顺，就试着改变自己态度吧，谦逊的态度并没什么不好。

**D 类型**

性格基因：你是个执着乐观的人，像个孩子一样对人生充满热忱，你重视情感，所以很多时候容易被打动，正因为如此，情感付出太多，到头来受到的伤害也是最深的，这让你痛苦不已。你的想法单纯，在一定的程度上是天真，但另一面就是不够世故。任何事情都是一体两面，如果用错了地方再好也枉然。你要谨记自己的善良千万不能被他人利用，当你拿不出主见时，也不要太受到他人看法影响而摇摆不定，不是每次妥协都可以得到美好的结局，过多的妥协会影响学习与工作，甚至是爱情运。如果是因为妥协而受创，也难以博得他人的同情。

生命路线：你缺乏一定的理性，特别是对自己的判断，千万不要顺着感情做判断和过日子。你要清楚你为别人做的已经太多了，你已经耗费很多时间与心力在成就他人和满足自己的情绪感动。千万不要过分燃烧自己，最后只是为了照亮他人。所以接下来的日子你应该学着为自己订出原则，活出最真实的自己。懂得对生命感恩也要懂得善待自己，在感性的内心多加一些理性的思考，你的身体里面需要有一点点自私的血液，对于人性的洞察也要更加深刻。孩子气虽赋予你可爱的特质，但学习保护自己，也是成长的重要课题。

**E 类型**

性格基因：你是一个悲观而自我压抑的人，你害怕受到挫折和痛苦，尽管如此，你在面对困境时，却表现出一副淡定从容的姿态，这是你最与众不同之处。你的成长过程并不如外界或自己期待的顺利，感情的路走来也不算顺遂，因此你看起来就比别人成熟，别人都把你当大哥哥大姐姐看待。对于死亡与性的感受深刻，你的生活似乎都在围绕这两个话题。你对自己的要求相当严格，一直处于紧张的状态，很难完全放松。你可能有自残或习惯自舔伤口的倾向，当你看到喜欢的事物，会一头栽进去而无法自拔，而面对那些不感兴趣的事，则是碰都不想碰。

生命路线：你是一个意志力很强、干练、早熟的人，但你活得不快乐。无论你处于什么年龄段，你总给人一种老成的感觉。你现在要做的是如何变得更豁达，真正快乐地善待自己，因为你的性格里那些矛盾和痛苦点经常透过感情和与家人的互动展现出来。你也会为他人牺牲，这种牺牲你又是不情愿的，这样的人生是浪费能量且毫无意义的，应该尽量避免。因为你不快乐，所以你对酒精、咖啡因、尼古丁和药物的依赖性很强，甚至会受制于这些有害物质。学会用“减法”过日子，才能真正领悟有“舍”才有“得”的道理。

**F 类型**

性格基因：你是个强烈执着于母性、易对事物热衷且不知不觉就会走火入魔的人，心地善良且没有心机。这类型的男女通常从小就是大家关注的焦点，因才能或外貌招来许多仰慕追随者，但竞争者也不在少数。你的生命能在短时间内发光发热，但这种焦点不是经常存在的，你也会因为际遇的不同而改变现状。你是一个乐观的人，希望可以通过自己的力量去改变他人的生活。你对朋友充满热忱，为人大方豪气，但是偶尔迷糊，警觉性也比较低，表现在忧患意识不够强，象征着生命中将出现令人忧心的潜在危机。

生命路线：你对于原始事物有着强烈的兴趣，你对热忱的东西总是不计后果积极投入，这种不管结果的态度，经常让你受伤，这种过度的热忱往往浪费了你的一片好心好意。若想把才华发挥在正确的方向，你得偶尔放弃仰赖直觉的决策，你应该学会理性地看待周遭的一切，先看清楚再行动。如果总是一腔热血又毫无自我防卫的能力，会让你碰得鼻青脸肿。你如果把这种义无反顾都用在感情和工作上，长久来说，会让你越来越失去竞争能力。好在你是一个幸运的人，身边的贵人很多，学会善用人际资源，将是你的制胜关键。

**G 类型**

性格基因：你是一个循规蹈矩的人，好高骛远不是你的作风，你认为人生就应该一步一个脚印，这也是你最大的优点。但你不太善于言辞和自我包装，在这个重视表面工作的社会里，你的这种个性就略显吃亏，好在你的抗压能力很强，不管处于什么环境和境遇下，你都活得悠然自得，淡定自如。“人无远虑必有近忧”是你的人生态度，深思熟虑的你，不会把自己推向危险边缘。正因为你的踏实，所以你也害怕突然的改变，你是一个没有冒险精神的人，如果没有做好万全的准备，绝对不会行动，相反来讲你也会因此失去许多体验不同生命滋味的机会。

生命路线：一成不变、缺乏创新是你的缺点，尽管你埋头苦干，但没有更多的创意也让你失去了不少机会。没有创新意识是你经常受制于自己意见和看法的主要原因。你这一类型的人几乎没有少年得志的现象，说到底就是出成绩晚，且多是科研型人才。你懂得评估、计划、实践、一步一步走，不会突然改变心意做出令自己或他人讶异的事。人有时候是应该适当地改变和挑战才能发现自己的另一面，人生有得有失是正常的，最怕的就是患得患失，学会给自己更多的发展空间，善用直觉和想象力，并且在努力之余也让自己快乐，是你接下来学习的重点。

**H 类型**

性格基因：H型的你属于沉思型的人。你往往想的比做的多得多，可以用“思想的巨人，行动的矮子”来形容。你可能拥有满腹知识，却缺乏实务能力，纯粹是理论派，因此经常到处碰壁。你通常只能在自己的世界里自娱自乐，享受思想带给自己的满足和成就感。你属于罗丹型的人，苛求完美，但无法接受突如其来的改变，一旦事情出现变化，就显得不知所措。而你的自尊心又特别强烈，习惯性掩饰自己，放不下身段，弄到最后吃亏的多半还是自己。

生命路线：你害怕一个人走却又不愿轻信他人，经常性的反反复复，不能为生活带来正面效应。对于感情尤其如此，恐惧失败而裹足不前。利用善于计划的专长，为自己打造宏观愿景很重要；没有踏出行动的第一步，任何完美的计划都只是零。想摆脱无所事事、生命无重心的日子，得学习积极参与，不把眼光放在结果，重视过程的操作和实践，才能体会不一样的生命经验。这种人要勇敢地走出自己设定的象牙塔，改变自以为是的态度，不然在生命中付出再多的努力也无济于事。

**心理贴士**

这个性格基因与生命路线的测试并不是严谨的科学的心理测试体系，只是一个看清自己的心理测试。与专业的心理测试的最大不同在于，测试结果并非真实可靠，仅供参考和娱乐，但或多或少能打动你内心的另一面，也提醒了自己应该如何看待自己的缺点。

## 隐藏在颜色中的性格

**情景测试**

雨后的彩虹是那么美丽，七彩的颜色总是让人眼前一亮。但你有没有想过，透过彩虹的绚丽，可以看出你性格的影子。不相信的话，就做一做下面的小测试，探一探究竟吧。

凭你的直觉从以下八种颜色中选出最喜欢的颜色和最讨厌的颜色：

A.红色

B.黑色

C.黄色

D.粉红色

E.绿色

F.蓝色

G.紫色

H.棕色

## 完全解析

这个测试是从你最喜欢的颜色看出你隐藏的性格，你最讨厌的颜色看出你的恋爱癖。

**1. 从最喜欢的颜色看出你隐藏的性格**

选择A：选择红色的你属于精力旺盛的行动派。你时刻充满斗志，这种积极的态度也感染着周边的朋友，但你这种斗志缺乏耐性，常常稍微不顺自己的意，就会生气。不过天生乐观的你并不会因为挫折而闷闷不乐，因为你已经找到新的好奇点了。那些阻挡自己幸福的人，你不会给他们好脸色看的，而且一旦有事情发生，你总是先怪罪别人，不是从自己身上找原因，这是你的弱点。如果对别人能够以更宽大的心对待，相信你的人气会更旺。

选择B：选择黑色的你通常很积极向前，你会对未来做出好的规划并朝着目标努力。即使你的外表没有过分的修饰，你看起来还是很优雅、高尚。在旁人的眼中，你是个有主见及应对得体的人，这和你自己的定位也差不多，你希望在别人眼中是个不平凡的人物。

选择C：选择黄色的你是一个富有高度的创造力及好奇心的人。你有着崇高的理想，你热衷社会活动，关心社会问题甚于切身问题，你对自己的知识面也是相当自信的并以此为傲。旁人看你就觉得你像一个社交家一样，其实你内心很孤独，所以你很看重朋友，不会背叛朋友，也绝对不做没有把握的事。

选择D：选择粉红色的你给人一种年轻、有朝气的感觉，别人眼中的你高贵大方。喜欢粉红色的人大多是俊男美女，浑身上下散发着一股舒服的魅力。因为在外人的眼中是如此的完美，所以这类人喜欢逃避现实，常常躲在自己的小天地之中，很少与别人沟通。又因不容易接受别人的意见，更不会和人争论，所以会被当作一个优柔寡断的人。另外，无法忍受现实的难堪及曾被信任的人背叛的人也会喜欢粉红色。

选择E：选择绿色的你基本上是一个追求和平的人，但这类人内心是孤独的，只喜欢群体生活，不喜欢一个人过日子。因你擅长与周围的人保持良好的和谐关系，总是给人亲切温和的印象，而周围的人也对你十分信赖跟崇拜。但这种人是个万金油，因为对每个人都差不多，有时候让人感觉是个八面玲珑的人。喜欢绿色的人是上进的，但因为不喜欢在团体中做领袖，所以更喜欢一群人一起奋发向上。

选择F：选择蓝色的你看待问题总是很理性，常常临危不乱，懂得化解危机，等到可以反击时，一定会以很漂亮的手段让人折服。你看似和周围的人相处得不错，其实不然，你不太擅长各种交际，只和志同道合的朋友自组一个小团体。而且喜欢别人认同自己的观点和信念，经常坚持自己的意见，对旁人的意见欠缺采纳的雅量，所以每当出现与人意见相左时，虽然表面上没有特别的表现，但其实心里很介意。

选择G：选择紫色的你通常是一个多愁善感的人，机智中带有感性，观察力特别敏锐。虽然你总以平凡自居，但却是个相当有个性的人。你在公开场合中会沉默寡言，但常常容易滥用感情，以致造成很多不必要的误会。如果事后别人告诉你，你会进行深刻的反省，但也容易再犯。

选择H：选择棕色的你是一个个性拘谨、自我价值观很强烈的人。你在外表和为人处世上给人一种安全感，但内心很怕因外来因素的介入而必须改变自己。你对人与人之间的利害关系划分得很清楚，所以容易给人感觉冷漠的倾向。好在这种人本性是耿直的，做事让人很放心，不知不觉中支持你的伙伴会越来越多。

**2. 从你最讨厌的颜色中看你的恋爱癖**

选择A：讨厌红色的人不喜欢和别人过分亲密，因为如此，那种突如其来的爱情往往会让你临阵脱逃。尽管你的心里渴望这种激烈的爱情，但本身性格的矛盾，总会让你改变想法，因此你在感情的路上一直波折不断，这些波折也使你对爱情更裹足不前，以致错失良缘。

选择B：讨厌黑色的人在恋爱上看来是个追求自由的热衷分子，对于爱情总是选择相信自己的直觉。一见钟情的故事总是发生在这类人身上，即使对方已有对象或家室，你也会不顾一切追求。但这种行为并不是最好的结局，应该多多关注身边那些真情实意，其实周围就有默默为你付出的人，这些才是值得你去注意的。

选择C：讨厌黄色的人在爱情上喜欢将自己的价值观强加在对方身上。你肯定是选择性格与自己相似的人恋爱，不会对无法预见未来的准艺术家产生兴趣，但是你又觉得两个性格太像的人一起生活缺乏激情，很想改变。

选择D：讨厌粉红色的人在恋爱上给人不够坦率的感觉。你往往对另一半很挑剔，比如别人送你礼物，你在表示感谢之前，总要挑三拣四地说一堆不该说的话。其实你这么做的目的就是想别人把你捧上天，对你服服帖帖的。

选择E：讨厌绿色的人在心态上一直不希望变成大人，所以在恋爱上希望备受呵护，希望对方不断为自己付出。因为这种不容易替对方着想的性格，常常说出伤人而自己又不自觉的话，最后只会让情人伤心。

选择F：讨厌蓝色的人会选择性格互补的人做恋人，比如自己是个欠缺才华的就会特别崇拜有才华的人。对你来说，互补比同化更重要，能够找一个与自己不同的人会让生活更精彩。但你的性格决定了你还不喜欢不变，一旦审美疲劳，遇到更有才的对象，你可能又会投入另一段情感了。

选择G：讨厌紫色的人喜欢在恋爱上采取主控权。你喜欢让爱人跟着自己的脚步走，希望对方可以按着自己的标准改变，总的来说在爱情上是很强势的人，爱控制他人。这么做很容易让另一半感到压力很大，想要逃走。不过，因为你很有自信，所以就算情人离开你，你也不会太难过，因为你很快可以找到新的人。

选择H：讨厌棕色的人在恋爱上采取放任的态度。你喜欢主动、直接强烈的爱情，你的好奇心强，往往会因为其他事物而忽略情人的感受。你一般想到什么就去做，不会多停下来想一想。你在朋友圈里很得人缘，和朋友相处的时间远比情人还多，这一点会让你的情人感到不愉快，说不定你的情人某一天就因为这个原因离开你了，好好考虑一下情人的感受吧。

心理贴士

人们对色彩的感觉是很强烈的，无论是在自然欣赏还是在社会活动方面，色彩在一定程度会对人产生一种刺激。色彩心理就是通过这一点，从视觉开始，通过知觉、感情到记忆、思想、意志等，其变化与反应会呈现出人的心理过程。

## 性格的“急”与“慢”

### 情景测试

你是一个怎样性情的人呢？是雷厉风行的急性子，还是一个慢条斯理的慢性子？来做一个小测试吧，从中你可以知道自己是什么“性子”的人：

1.原本和好友约好星期日去图书馆看书的，但在星期六晚却下起了滂沱大雨，这时你会怎么做：

A.立刻打电话与好友商量

B.打电话咨询气象台明天的天气情况

C.明天再打电话

2.由于刮台风，学校提早放学，你决定：

A.自己坐车回家，并打电话告诉家人

B.先到同学家玩一下再说

C.问老师应该怎么做

3.逛街时，有条恶狗追着你的同伴，你会：

A.向路人求救

B.帮忙把恶狗赶走

C.不知所措

4.买衣服时，发觉钱不够，你会：

A.和店员砍价

B.把商品退回，再挑选别的衣服

C.什么也不买，直接回家

5.乘电梯时，突然停电，你的第一个反应是：

A.按警铃并高声呼救

B.耐心地等电恢复

C.不知道该怎么办，大哭起来

6.回家时发现忘了带钥匙，怎么办？

A.打电话给家人

B.先去别的地方逛一圈再回来

C.站在门口等家人回来

7.正在收看自己喜欢的电视节目，画面却被干扰看不清，你会：

A.把电视关了，不看了

B.到邻居家看

C.发脾气、责怪电视台

8.上街和家人失散了，你怎么办？

A.找警察或别人帮忙

B.站在原地等家人来找

C.四处寻找家人

9.闹钟坏了，上学（上班）迟到了，怎么办？

A.算了，反正迟到了，慢慢来

B.以最快的速度去上学（上班）

C.装病请假不去了

10.已经完成资料准备（做好了作业），却忘记带给上司（带到学校）

A.没办法，如实向上司（老师）说明情况

B.临时重新做一份

C.太难受了，干着急

## 计分方法

选A得0分，选B得1分，选C得2分。

## 完全解析

**0～4分："慢郎中"型**

遇事你还是很淡定从容的，如果你能灵活一点，你能成为众人的偶像！

**5～10分：机灵敏捷型**

你是一名"急先锋"，遇到事情时会主动提出意见，这给朋友带来不少帮助，但千万警惕自傲的想法。

**11～15分：处事谨慎型**

你给大家的感觉是"处事很有分寸"，但你还是不够勇敢，如果可以提高自己的勇气，你会收获更多。

**16～20分：过分小心型**

你一直都害怕自己一个人会很孤独，以至怕得罪别人，使人家不高兴。你应该克服这种自卑的心态，可以与别人商量一下，不用害怕别人会介意，其实他们会给你一些意见的。

**心理贴士**

性格心理学，依据人类生活的行为方式、思维习惯等进行研究和归纳。性格其实是一个人的风格，这些风格体现在生活、工作、为人处世上。性格心理学把人类划分为四种性格特征，即活泼型、完美型、力量型、和平型。总的来说一个人的性格30%由先天基因决定，70%则是由后天的成长环境、生活经历等所决定。

# 谁是你最喜欢的老师？

## 情景测试

世界上没有两个完全相同的人，这也决定了每个人为人处世的方式中总有别人不习惯或者无法忍受的一面，而自己却很难察觉，下面这个测试应该可以帮你分析一下。

当你在青春叛逆期时，你觉得老师身上最不能让你忍受的是什么？

A.老师情绪波动大，容易“歇斯底里”，对学生实行精神压迫

B.专制的老师，完全不理会学生的意见

C.不公平，偏袒所谓的好学生

D.对学生使用暴力

## 完全解析

选择A：这个选择其实是自我缺陷的暴露，可以反映出你在遇到不如意时会有什么反应。选择A的你遇到不如意的事就会“歇斯底里”，不是四处大声叫嚷，就是突然大声哭泣……其实这种方式是最幼稚的，而且很容易引起别人的情绪疲劳。

选择B：你具有站在阵列前沿将周围人猛推向前的统帅能力，在集体中往往起到决定性的作用。你的缺点就是很少听取他人的意见和建议，你要学习的就是倾听别人的意见，时刻保持谦虚，不然很容易让别人不再信服你了。

选择C：你可能有一些心理恐慌症的表现。你的交际范围不大，有几个知心朋友，但交际圈很窄，因为你把好坏分得很清楚，把自己讨厌的人彻底排除在外，似乎只愿意与某一个特定的人建立更好的关系。所以，你要试着博爱一点，多多扩展自己的交际圈，如果一味沉寂在那个小圈子里面，你将越走越窄。

选择D：你这样的处世方式是很危险的。你这种粗暴无礼的行为让人很难接受，就算是语言暴力也是难容忍的。如果是因为对方态度恶劣导致你正当防御还情有可原，但往往是稍不如意就出手或出口伤人。你一定要控制好自己的情绪，不然小小的矛盾很容易升级到大矛盾。

### 心理贴士

人们不可能每天都有好心情，当遇到心情差的时候更需要情绪控制，良好的情绪控制能减少很多不必要的冲突和麻烦。在不开心的时候进行积极的自我心理暗示，给自己一个笑容，或者是抬起头，做一个深呼吸等，都能帮助你把自己从负面情绪中解脱出来哦。

## 自信指数

### 情景测试

自信是每个人都应该具备的素质，你是一个充满自信的人吗？快来测一测你的自信指数吧。

一位朋友为你画了张画像，你觉得哪个部位应该画得最好呢？

A.眼睛

B.眉毛

C.嘴巴

D.鼻子

### 完全解析

**选择A：自信指数80分**

你的感情丰富细腻，是一个自信满满的人，甚至有些自恋。喜欢得到他人的赞美，但又怕给人一种骄矜自满的感觉，所以平时的你很低调，极少表现自信的一面。

**选择B：自信指数60分**

你是个冷静、懂得平衡情绪的人，外表看起来相当知性聪颖，但实际上的你并不是很自信，对于外貌更是心虚。好在你平时话不多，却常常能够一鸣惊人，让人印象深刻。

**选择C：自信指数50分**

表面上看起来你很喜欢社交和热闹的生活，但实际上没有几个知心朋友。对于自信一事你自己也不太清楚，更多时候随感觉行事。你总会把自己打扮得光鲜夺目，就是怕被人看见自己的狼狈状。

**选择 D：自信指数 95 分**

你是个意志力坚强的人，时刻都散发出一种独特的魅力，不会因外表而影响自信指数。你任何时候都可以展现自己的优点，但给人一种强势的感觉。

**心理贴士**

自信心指能够有效表达自我价值，是一种积极的有着自我理解特征的心理状态。产生自信心，指能够不断地自我超越，在心理学中，自我效能与自信心最为接近。自我效能是指对自我成功应对某种特定情境的能力的评估。

## 贪图安稳还是热衷挑战

**情景测试**

每个人对自己生活的设想都不一样，可以是平淡如水，可以是激情燃烧。因为每个人的标准不同，也造成了每个人都有自己处世的态度，对未来有着不同的规划和向往。我们都渴望过上自己想要的生活。那么你对生活的态度又是如何的呢？下面让我们来做一个小测试，了解一下自己吧。

以下各题，你只需回答“是”或“否”。

1.你的时间观念很强，从不迟到

2.相比朋友或者配偶，你是一个容易和别人沟通的人

3.你觉得周六的早晨比周日的傍晚更容易放松自己

4.你觉得无所事事比忙碌地工作时自在

5.你仔细谨慎地安排你的业余生活

6.你不喜欢等待的状态，这使你很懊恼

7.你大多数的娱乐活动是跟同事一起进行的

8.你的配偶或朋友认为你很随和、非常容易相处

9.在你身边有一位同事让你感觉很积极进取

10.你在运动的时候想改进技巧以多赢得胜利

11.当你处于压力之下时，仍会仔细弄清每件事的真相才做出决定

12.在旅行之前，你做好行程的规划，当计划有变时，你会觉得不自在

13.你喜欢在酒会上与人闲谈

14.你宁愿选择闷头工作去逃避那些复杂的人际关系

15.你交的朋友多半属于同一行业的

16.就算你生病了，也会在家带病上班

17.你平时的阅读物大多数和工作相关

18.你花在工作上的时间比其他同事要多

19.在社交场合中，你经常三句不离本行

20.即使在休息日里，你也会焦躁不安

## 计分方法

4、8、13题答“否”得1分，答“是”不得分；其他题答“是”得1分，答“否”不得分。最后计算总分。

## 完全解析

12～20分：这类性格的人喜欢生活在竞争里面，只有这样才能达到快感，享受升迁与寻求成就感。在交谈中很强调关键词汇，往往越说越快并且加重最后几个词；喜欢追求各种不明确的目标；全神贯注于截止期限，憎恨延期，缺乏耐心；一旦放松下来不工作会觉得有罪恶感。

0～9分：这类性格的人往往生活得比较轻松，生活不止是工作，拥有广泛兴趣；生活起来没有“12~20分”类型那么累，比较从容，充满耐心而且肯花时间来考虑一个决定。

10～11分：介于前两者之间

心理贴士

每个人对时间的感觉都是不同的，有人觉得时间过得很慢，有人又觉得时间不够用，这种不同往往与人参与活动的内容有关。一般做自己爱做的事，就感觉时间过得很快，反之，自己觉得所做的事枯燥乏味，就会感觉时间过得很慢，度日如年。

## 性格也有“短板”

### 情景测试

你了解自己的性格吗？你知道自己的性格弱点是什么吗？快点来测试一下，帮你分析一下自己的性格缺陷吧。请在5分钟内完成所有试题，要根据自己的实际情况选择。

1.如果你的朋友穿着不怎么得体，但他自己却自我感觉良好，还兴高采烈地问你他穿得好看吗？这时你会怎么说：

A.直接告诉他这样穿不太好。

B.违背自己夸奖他。

C.只是笑一笑，不发表意见。

D. 委婉地告诉他：“不错，但你穿另一套会比这个更好。”

2.聚会中大家都情绪不高，这时你会对他们说：

A.“你们这些人也太无聊了吧。”

B.“我们还是走吧，这里一点都不好玩！”

C.“是不是发生了什么事了，心情不太好？”

D.“我们换点别的来玩吧！”

3.你有三个好朋友，你知道谁最吸引人，最有异性缘吗？

A.不清楚

B.总之自己就是那个最差的

C.自己是最有魅力的一个

D.自己大概处于中间位置吧

4.当你和别人一起吃饭的时候，你发现在座的有一个人的嘴角有一粒米饭，而他本人并没有察觉，这时你会：

A.当成一个笑话告诉左右的人。

B.很担心他会出丑。

C.想方设法提醒他。

D.当不知道。

5.有人约你一起吃晚饭，但今天你身上没有带很多钱，你会说：

A.“好的，不过今天你请客了。”

B.“让我来请你吧。”

C.“我今天带的钱不够。”

D.“我们AA制吧。”

6.你穿了一件新衣服，但周围的人都觉得这件衣服不好看，你会：

A.不介意别人的看法，继续穿

B.马上脱下，不再穿了

C.很少穿了，但还是会穿

D.重新买一件

7.你认为什么样的小孩儿最可爱？

A.自己生的

B.别人家的

C.长得好看的

D.聪明活泼的

## 计分方法

选A得1分，选B得2分，选C得3分，选D得4分。

## 完全解析

7～11分：你是一个马虎的人，对什么都无所谓。

12～16分：你做事不够乐观积极，生活缺少快乐。

17～20分：你是一个没有行动力的人，很少变语言为行动。

21～24分：你是一个缺少恒心和毅力的人。

25～28分：你太注重技巧了，缺乏平常心。

### 心理贴士

没有一个人的性格是完美的，或多或少都存在弱点，这些弱点就像太阳上的黑子、白玉上的斑点，某些时候看起来刺眼不舒服，但它也是存在的一部分，不可能彻底清除它，只要我们对自己的弱点有一个正确而客观的认识，不断努力改正自己的缺点，就足够了。

## 菲尔的人格测试

### 情景测试

美国知名心理学博士菲尔曾经在著名女主持人欧普拉的节目里做过这个测验，许多大公司的人事部门也曾用以测试面试者。回答的时候一定要依照自己目前的实际情况，而不是依照过去的你。

1.一天之中的什么时候让你感觉最好：

A.早晨

B.下午及傍晚

C.夜里

2.你走路的时候喜欢：

A.大步快走

B.小步快走

C.不快，仰着头

D.不快，低着头

E.十分慢

3.和别人说话的时候，你会：

A.手臂交迭地站着

B.双手紧握着

C.一只手或双手放在臀部

D.碰着或推着与你说话的人

E.玩弄耳朵，摸下巴，或理头发

4.坐下休息时，你会：

A.并拢两膝

B.交叉双腿

C.伸直双腿

D.一腿卷在身下

5.碰到好笑的事情，你的反应会是：

A.放声大笑

B.笑，但不大声

C.轻声地笑

D.羞怯地微笑

6.当去一个派对或社交场合时，你会：

A.很大声地入场以引来目光

B.安静地入场，四处寻找你认识的人

C.非常安静地入场，希望自己不被注意到

7.当你专心工作的时候，若有人打断你，你会：

A.欢迎他

B.感到非常恼怒

C.两者之间

8.下列颜色中，你最喜欢什么颜色：

A.红色或橘色

B.黑色

C.黄色或浅蓝色

D.绿色

E.深蓝色或紫色

F.白色

G.棕色或灰色

9.在入睡前的几分钟，你喜欢的姿势是：

A.仰躺，伸直

B.俯躺，伸直

C.侧躺，微卷

D.一边手臂枕在头下

E.被盖过头

10.你时常梦到自己：

A.下落

B.打架或挣扎

C.找东西或人

D.飞或漂浮

E.你平常不做梦

F.你的梦都是愉快的

## 计分方法

| 题号/得分/选项 | 1 | 2 | 3 | 4 | 5 | 6 | 7 | 8 | 9 | 10 |
|---|---|---|---|---|---|---|---|---|---|---|
| A | 2 | 6 | 4 | 4 | 6 | 6 | 6 | 6 | 7 | 4 |
| B | 4 | 4 | 2 | 6 | 4 | 4 | 2 | 7 | 6 | 2 |
| C | 6 | 7 | 5 | 2 | 3 | 2 | 4 | 5 | 4 | 3 |
| D | | 2 | 7 | 1 | 5 | | | 4 | 2 | 5 |
| E | | 1 | 6 | | | | | 3 | 1 | 6 |
| F | | | | | | | | 2 | | 1 |

| | | | | | | | | | | |
|---|---|---|---|---|---|---|---|---|---|---|
| G | | | | | | | | 1 | | |

## 完全解析

**0～21分：悲观，内向**

在人们眼中，你害羞、神经质、优柔寡断，需要别人照顾，总是希望别人为自己下决定，希望任何事或任何人都与自己无关。

**21～30分：缺乏信心，挑剔**

人们认为你十分谨慎小心，缓慢、努力工作。若有一天，你做出什么不在计划内的事情，肯定会让他们大吃一惊。

**31～40分：自我保护意识重，会以牙还牙**

你被认为是一个理智、谨慎、讲求实效的人，同时也是伶俐的，有天赋的，有才干且谦逊的人。你不会轻易与别人交心，因为你对自己的朋友非常忠诚，也要求对方同样以忠诚回报。那些真正懂你的人就会知道，你对朋友的信任是很难动摇的，但是一旦信任破灭，这会让你感到十分沮丧。

**41～50分：富有活力**

在别人眼中，你富有活力、魅力十足，好玩，注重实际，性格十分有趣；常常成为人群中的焦点。但是你内心很好地把持着平衡，从不会因此冲昏了头。

**51～60分：有冒险精神，吸引力十足**

在别人眼中，你有着令人兴奋的、活跃非常的、易冲动的性格；你生来就是领袖人物，能很快地下决定，即便你的决定不总是正确。你是大胆的，爱冒险的，你愿意尝试任何未知的事情，欣赏爱冒险的人。

**60分以上：傲慢的孤独者**

人们认为你是自负而自我，支配欲、统治欲极强。他们或许会钦佩你，但却不太愿意相信你，不想与你深入交往。

### 心理贴士

古语有云，“江山易改，秉性难移”。人格确实具有一定的稳定性，可是人格非永远定型。儿童时期，因环境压抑而变得性格内向的人，以后也会因事业获得成功而变得外向，这样的现象在生活中随处可见。

## 测测你的魅力

### 情景测试

女孩有很多种类型，有的开朗活泼，是人群中的焦点；有的娴静少言，却也以另一种方式吸引着旁人的眼光。想知道一下自己的魅力是什么吗？赶紧来测试一下吧。

1.放假时你最想去哪里玩呢？

游乐场 →2

看电影或shopping →3

2.若要帮妈妈做家务，你比较希望做哪样？

饭后洗碗 → 5

洗厕所 → 7

3.和朋友一起玩的时候，希望去谁家里？

自己家里 →4

朋友家 → 7

4.若要对心仪的人表白，你会……

以QQ、E-mail 、书信 → 8

电话告白 → 7

5.有男生向你表白，你会先告诉？

好朋友 → 7

家人 → 6

6.你喜欢看哪种书？？

爱情小说 → 10

悬疑推理小说 → 11

7.有男生在讲黄色笑话，这时你会……

第一时间离开现场 →8

不说话，在一旁听他说 →6

8.睡觉时你喜欢穿什么？

运动衫或裙子 →11

睡衣 → 12

9.买衣服，不知道该挑哪件时，你会征询谁的意见？

问店员 → 6

问妈妈意见 → 10

10.对你来说，哪一样比较重要呢？

相簿→ A类型

饰物 → B类型

11.你会去看哪一项运动比赛？

排球 → C类型

足球 →B类型

12.若和家人去旅行，会去哪儿？

去温泉区慢慢过 → D类型

匆忙去所有名胜 → C 类型

## 完全解析

**A类型：亲和的温柔公主！**

魅力：对别人好、温柔是你的必杀技，不管是谁，你都会一视同仁地亲切对待，所以大家都非常喜欢你。你乐于助人，看见别人有难肯定会上前相助。

弱点：感情过于丰富，遇上什么事都可以感叹一场，遇到对你好的人你会感叹，别人对你差你还是要感叹一番，更别说看书、电影，那简直就是你尽情流眼泪的时候。小心身边的人会受不了你哦。

**B类型：魅力深厚的第二眼美女！**

魅力：你是朋友、同事们的技术小顾问，若他们遇到什么难题，肯定会在第一时间想起你。很多时候，你的意见中肯，帮他们解决了不少难题呢！

弱点：你总是会不自然地对自己范围以外的事情多加关注，多数还是一些小事情。可是，要不是有着这样的性格，你又怎么能成为别人的顾问呢！

**C类型：让人感觉愉悦的阳光girl！**

魅力：你是众人的开心果，不管什么时间什么场合，你总是话题多多，脸上亦常常挂着阳光般的灿烂笑容。

弱点：你缺乏耐性，很容易厌倦，做事常常半途而废，典型的三分钟热度。

**D类型：积极向上的实力派偶像！**

魅力：你十分努力、认真，这是你最大的优点和魅力。不管是工作、学习还是生活中，你都会全力以赴，绝不会半途而废，出来的成果往往都很棒，这让你成为了别人的偶像。

弱点：你很啰唆，要是遇上什么需要你解释的事情，你肯定是长篇大论、滔滔不绝，甚至有时会把不住嘴关，不小心说漏了秘密。

**心理贴士**

30年前，美国心理学家沙威尔曾做过一项心理调查，证实男女的性格差异惊人。一般来说，男性越聪明越胆大，而女性则是越聪明越脆弱；男性会因得不到想要的而焦虑，女性却恰恰因得到了而焦虑。清楚地认识到自己的优势与劣势，可以让自己更游刃有余地去处理各种情况。

# 白雪公主

**情景测试**

每个人都是生活的导演，是自己人生戏场中的主角。至于你究竟扮演着什么样的角色，还要取决于你的性格。让我们通过下面这个心理测试，了解一下自己的性格吧。

你和朋友们正在准备白雪公主的舞台剧，你需要扮演其中一个角色，你会选择：

A.七个小矮人

B.白雪公主

C.白马王子

D.继母

**完全解析**

选择A：你菩萨心肠且乐善好施，很少树敌，给人印象良好只是少有回报，拥有一定的判断力。

选择B：你开朗乐观、娇憨，但缺乏洞察力，对外界缺少警觉。

选择C：易听信耳边风，易以貌取人，易上当，对自己的外表没有自信。

选择D：你创造力十足，嫉妒心重，考虑长远而不轻易听信人家。

**心理贴士**

在心理学中，角色扮演是对特定的生活情境进行描述的一种传达方式，是一种在事先设计好的情境中，自然地扮演某一个角色。扮演者需要主动模拟角色的情感状态和心路历程。人生如戏，戏如人生，在生活当中，每个人都一直扮演着不同的角色，通过饰演不同的角色，我们也就了解了不同角色在生活中的酸甜苦辣。

## 你是一个乐观的人吗？

**情景测试**

人生中不可能一直一帆风顺，境遇不能决定一切，你的乐观态度却可以帮助你扭转逆境，若你是悲观的，即便顺境也不能让你如意。你以怎样的眼光看待人生，是乐观还是悲观？回答下列问题，便可知晓。

以下问题，你只需回答是与否，如果你的答案模棱两可，则应仔细考虑，以较贴近实际的答案为准。

1.你是否随身携带口哨和防狼喷雾，以防遇到坏人？

2.深夜时分若有人敲门，你是否会觉得发生了什么不好的事了？

3.你会不会常常与别人打赌？

4.你是否经常幻想自己有天获得一笔巨款之后该怎么花？

5.外出时你是否经常携带雨伞或其他雨具？

6.你是否重视并实践各种保证？

7.外出度假时是否会先预订房？

8.你是否认为人多数是诚实的？

9.托朋友或邻居照管房间时，是否会将房内所有的东西锁上？

10.你是否喜欢新鲜事物？

11.当别人保证归还时，你是否会借钱给他？

12.当你计划外出野炊时，你是否会想万一下雨怎么办？

13.一般来说，你相信别人吗？

14.若是有重要约会，你会否提前动身以防途中耽搁？

15.若是遇上专家为你会诊，你是否觉得自己肯定是患上很糟糕的病了？

16.清晨起床时，你会否展望一天的工作或是其他安排？

17.你是否享受收到意外的信件或包裹？

18.一般而言，你是否有钱即花，并没有详细的花钱计划？

19.准备外出旅行之前，你是否先购买人身安全保险？

20.对未来一年的生活，你是否有所安排？

## 计分方法

第1、2、5、6、9、12、14、15、19题，答“是”得0分，答“否”得10

分。第3、4、7、8、10、11、13、16、17、18、20题，答“是”得10分，答“否”得0分。统计自己的分数总和，从结果中寻找自己相应的选项。

## 完全解析

0～70分：你非常悲观，只看到生活中不好的一面。你对这个世界十分失望，因而也无所求，与世无争，这大概是作为一名悲观论者的唯一好处了。但是，悲观态度的坏处却有很多，会因为担心失败不愿尝试新事物而错失许多，悲观还会让你变得忧郁、恐惧、气愤和失望等。你唯一的出路便是找回对人、对事的积极态度；虽然人生总有失意时，但顺心的时刻依然占了大多数；况且，如果你可以学会积极对待挫折，坏事也可以变成好事。

80～140分：你的生活态度基本平衡，不过，如果你可以更积极地面对生活的挫折，于你的身心健康一定大有帮助。

150～200分：你是一名真正的乐天主义者，你知道如何正视挫折和麻烦，勇敢地继续生活。乐观是一种健康的表现，但你也要注意心有余而力不足的时候。

## 心理贴士

为什么现代人都觉得不快乐？一场正在美国心理学界兴起的积极心理学运动或许能帮助我们获得答案。积极心理学是研究人类的力量和美德等积极方面的一个心理学思潮，通常以普通人为研究对象，它主张心理学家应以一种更开放的、欣赏的眼光来开发人类的潜能等，帮助人们寻得幸福。

# 从口头禅看一个人的性格

## 情景测试

舌尖上的中国，口头上的性格。你的口头禅可是暴露你性格的哦，这可是有心理根据的。快一起来测测看吧。

你通常会说哪一句口头禅呢？

A.说真的、老实说、的确、不骗你

B.应该、必须、必定会、一定要

C.听说、据说、听人讲

D.可能是吧、或许是吧、大概是吧

E.但是、不过

F.啊、呀、这个、那个、嗯

## 完全解析

选择A：担心为人所误解，因此性格稍显急躁，内心常有不平。这类人十分在意别人对自己言行的评价，所以一再强调自己所讲述的事情的真实性，希望自己在团体中被认可，获得周围人群的信赖。

选择B：自信心极强，做事理智，为人冷静，有说服力，可令对方相信自己的话。不过，从另一角度来看，“应该”说得太多时，其实反映出说话人内心的“动摇”的心理，长期担任领导职务的人，易形成此类口头禅。

选择C：这类口头禅可给说话人留有余地。这类人见识虽广，但缺乏决断力。这类用语多出现于处事圆滑的人口中。在办事过程中，他们时刻为自己备着下来的台阶，有时也会因矛盾心理而感到困扰。

选择D：这类人自我防卫度高，不会暴露内心的真实想法。处事待人态度冷静，所以与同事都处得不错。这类口头禅同时也有以退为进的意思，事情走向明朗的话，他们可说“我早就想到这一点”。政治人物多有这类口头禅，以隐藏自己的真心。

选择E：这类人稍显任性，总是会以“但是”来为自己辩解，来保护自己。不过这也说明其性格温和，因为这一词委婉，并没有断然的意味。此类口头禅多出现于从事公共关系的人口中，因为它的委婉意味不致令人感觉冷淡。

选择F：这类人词汇较少，思维反应慢，以这类词语作为间歇的方法。因此，这类人反应较迟钝，或是比较有城府的。当然，有些骄傲的公务员因怕说错话需间歇思考，也会使用这种口头禅。这种人的内心也常常觉得孤独。

### 心理贴士

积极的口头禅有助于振奋精神，而有些口头禅却令周围的人听出来消极的意味。但是，是否这些消极的口头禅就一定是不好的呢？答案是否定的。心理学家认为，现代人常常会有一些消极的口头禅，这源于生活压力导致的心态变化。通过这样的口头禅，人们可以倒倒心底的苦水，宣泄一下情绪，这对于人们的身心健康绝对有着积极的影响。

## 石头、剪子、布

### 情景测试

还记得儿时的猜拳游戏吗？回忆一下你猜拳的时候最爱出哪一个？从这里可以透视出你的小性情哦，出“石头、剪子、布”的时候，你习惯于先出哪一个？

A.石头

B.剪子

C.布

### 完全解析

选择A：习惯于先出石头的人适应能力与协助能力都很强。你做任何事情都全力以赴，都在发挥你本身卓越的适应能力。你努力地保持着圆满而友善的关系，绝对是个值得交的朋友。

选择B：习惯先出剪子的人是一个独立心与忍耐力很强的人。你是非观很强，对事情的判断也是很正确的，很少草率做事，大多都会经过深思熟虑以后再行动，但你不会轻易抛弃本人的想法与意见。你有主见，忍耐力强，无论多么艰辛的事情也会坚持完成到底，因此做任何事情都很有可能大获成功。

选择C：习惯先出布的人是一个非常乐观的人。你是一个实践派，对任何事情都持客观积极的态度，很少会费神去想每件事情。你一贯积极主动，没有阶级观念，和任何人都可以相处得不错，这些因素可以使得你轻易地解决各种事情，立下丰功伟业，获得巨大的财富。还有一点，如果你出布时候的手指是分开的话，证明你性格活泼，很有可能受人瞩目，或赚大钱。

### 心理贴士

研究表明，人们在猜拳的时候最容易出的是布，其次是石头和剪刀。这也告诉我们一个猜拳的小窍门，第一局出布或者石头的概率比剪刀高，所以猜拳第一局最好出布，对方是布则是平局，是石头你则获胜，这样在第一局你就可以抢得先机了。而第二局是关键，对方潜意识里认为战胜布的是剪刀，所以容易出剪刀，你应该出石头才可以获胜。

## 美食中的个性

### 情景测试

提到美味的食物，你肯定在吞口水了吧，你有想过对美食喜好的不同也可以看出你的个性吗？做做下面的测试，来体验一下吧。

以下有五种食物，请你挑选出自己最喜欢的食物。

A.牛肉面（越辣越过瘾）

B.海陆大餐（好吃真好吃）

C.披萨（越脆越香）

D.炸鸡块（多汁多滋味）

E.蛋糕（越吃越高兴）

**完全解析**

选择A：爱好吃辛辣食物的人，本身也是一个火爆的人，性格中带有孤傲，愤世嫉俗，不喜欢那些虚伪的社交活动和礼尚往来，但对那些建功立业，可以成为名留青史的英雄却很感冒。东北人多半具有此类风格。

选择B："山珍海味"，代表这是一个乐不思蜀的人，为人豪爽仗义，不拖泥带水，拥有坚忍不拔的性格。但也有明显的缺点，就是不够冷静，有时候会过度挥霍劳动成果，只怕会坐吃山空，应该要多加警惕。

选择C：喜欢吃"薄饼"的人，为人也比较小气刻薄，在人群中经常扮演叛逆的角色，给人一种自以为是的感觉。但是，那些杰出的艺术家、科学家往往都具有这种风格。

选择D：这种人属于懒得动型的后现代主义者，感情"脆"弱、深怕寂寞，举手投足像只小绵羊一般温驯，欠缺冲劲。

选择E：喜欢吃"甜点"的人一般拥有温和谦逊的性情，乐于助人，是一个很容易相处的人。跟这种恬淡个性的人做朋友是最好的，他们没有火热的激情，但他们如甘泉，交往越久，感情就越弥坚。

**心理贴士**

食物心理学是耶鲁大学开设的一门公开课，课程围绕心理学、生物学和政治学对食物进行了全方位的讨论。由于食物与人的健康息息相关，所以饮食偏好对我们了解一个人的生活习惯以及性格都大有帮助。

## 心理学知识：性格

性格是指表现在人对现实的态度和相应的行为方式中的比较稳定的、具有核心意义的个性心理特征，这种特质也是一种与社会相关最密切的人格特征。实际上一个人的性格可以体现出他对这个现实世界的态度，是赞同还是反对，是妥协还是反击，而这些态度会从他们的行为举止中很好地反映出来。更多时候我们要判断一个人的性格主要还是来源于他对自己、对别人、对事物的态度和所采取的言行上。

性格受到价值观、人生观、世界观的影响。每个人对道德评价含义理解也是大不同的，这样才会产生性格各异的人，可以说先天只是给一个人性格雏形，最后的养成还是需要在后天社会环境中逐渐形成的，是人的核心的人格差异。性格有好坏之分，能最直接地反映出一个人的道德风貌。

这里就必须提到本性和性格的差别了，本性是先天所形成，比如自尊心、虚荣心、荣誉感等。性格是后天所形成的，比如腼腆的性格，暴躁的性格，果断的性格和优柔寡断的性格等。人的本性包括求生的本性、懒惰的本性和不满足的本性。

## 心理学知识：根本性格

科学研究表明，性格一半来自遗传，一半来自后天。而“根本性格”是心理遗传学中性格的深层部分，即：活泼、开朗、冷静、急躁等几方面受遗传影响很多，现在几乎已经成为定论。现代科学都认为“根本性格”其实和遗传的关系很大，如果一个人从小生活在一个家庭氛围轻松和谐的家里所形成的性格和生活在一个严肃沉闷的家里形成的性格会大不相同，从这个角度上讲，父母的性格、家庭的生活氛围对一个孩子的性格形成影响重大。

有时候人随着年龄的增长还有社会生活中接触的范围扩大，他的性格趋向社会性，受环境的影响加深，这么说来是不是根本性格在后天就会被淹没了呢？其实不然，在现实中，绝大多数人的性格为混合型，性格再开朗的人也有内向的时候，而急躁的人在处理事情中也会表现冷静的方面。所以根本性格是起到关键作用的，因为它很大程度决定了这个人看问题的角度，比如有的人面对一个只剩一半的苹果，就会满怀感恩地想：“太好了，我还有一半苹果”，而有的人会很沮丧不堪：“就剩下这半个苹果了！”

## 心理学知识：人格

人格也称个性，这个概念源于希腊语Persona，这个词原来是用来形容演员在舞台上戴的面具，有点类似于中国京剧中的脸谱。后来心理学借用这个术语用来说明在人生的舞台上，人也会根据社会角色的需要用不同的面具装扮自己，这些面具就是人格的外在表现。但在表现的背后还隐藏着一个真真实实的自己，这个真实的人可能别人永远看不到，而这个真实的人格，它可能和外在的面具大相径庭。

人格的形成是有多种原因的，先天后天都有，而人格也是会随着经历和阅历的改变而改变的。怎样的人格是合适的人格呢？怎样才算是一个有完整人格的人？其实这个很难定义，但我们希望可以通过一些测试来分析，看清自己，提醒自己，为了让自己生活得更好而努力。

# 看清性格中的隐密部分

每个人性格中有乐于展示的一面，也有不想为人所知的一面，这一面隐藏的很可能就是自己对自己的一片爱恋，又或者是心底深深的自卑。想知道自己的性格中是否拥有这样的倾向吗？做完这些测试，你也许就会找到一个明确的答案了。

## 案头的水仙花

### 情景测试

墙角的花，当它孤芳自赏时，世界就变小了。冰心用优美的文字勾勒了花的一种自恋姿态，而在你的性格当中是否也隐藏着自恋情结呢？做一做下面的小测试，便可知晓。花店摆放了各种形态的水仙，你会买哪一盆放置案头呢?

A.1个小小花骨朵

B.1朵水仙枝头绽放

C.数个小小花骨朵

D.数朵水仙已然绽放

### 完全解析

选择A：你对自己的喜爱小心翼翼，也许对自己的喜欢只是不讨厌自己。

选择B：只有一朵水仙花绽放说明你有自恋情结，并且不怕在别人面前展现出来。

选择C：数朵花骨朵代表了其实你很自恋，但是还不到自负的程度。

选择D：水仙花开得越多，说明自恋程度越深。

**心理贴士**

过分的自恋会引发心理疾病，被称为“自恋症”。这种心理疾病还有另一个优雅的名字——“水仙花症”。这源于一个古希腊神话，相传有一个美丽的男子叫纳克索斯，生得英俊非凡。有一天他在小湖边洗脸时在水中看见了自己的倒影，便深深爱上了自己的影子。从此，他的眼中只有这个自己，再也容不下他人，到最后的他只能对着自己的影子自伤自怜，孤芳自赏，可惜的是他不知道影子就是他本人。最后因扑水求欢而溺水身亡，死后化成了一朵水仙花。

## 你会喜欢怎样的工作环境

**情景测试**

你所倾向的工作环境，可以透视出你性格中的某一个侧面哦。下面的这个小测试可以让你看出自己的另一面。

若是有足够的金钱可以买下自己理想的工作间，你会选择什么样的环境呢？

A.由上海苏州河畔有悠久历史的大仓库改造而成的艺术家工作室

B.类似巴黎卢浮宫门前的尖顶玻璃屋

C.草原上的小木屋

D.金茂大厦的高档写字间

**完全解析**

选择A：你不仅不是自恋主义者，心里还有些小自卑。外表看似冷酷的你，其实有着艺术家的火热内心。你表面上总是拒人千里之外，可其实你只是底气不足，因此你总是故意表现得自大，可你真的既不自恋也不自大。

选择B：你像孩子一样，总是沉浸在幻想里，以为世界没有你就转不开了。你不但非常自恋还很会幻想哦。虽然你资本十足，但也未必什么都是第一名哦！

选择C：中等自恋。毫无疑问地，你很喜欢自己。你还很深谙“喜欢自己”之道，不会因为自恋而惹他人厌烦。

选择D：选择外墙满是反光镜的金茂大厦的你简直就是自恋狂的典型！一切有反光属性的物体，甚至是电梯的金属面，在你面前也全都成了一面最好的镜子。你享受对镜欣赏自己，常常对着镜子来一句：“噢，真是太好看了！”你或许真的有些帅气、养眼，可你未免也太自恋了吧！

**心理贴士**

心理学家怀疑，社交方面的网站越多，越容易让人变得自恋。有时候，自恋并不一定意味着有多爱自己，而是他是如此的脆弱和孤独，需要他人不断地支持与赞许，才能肯定自我的存在。大多时候，我们在社交网络上的种种举动，无非是为了让自己“被看到”。

## 给你的自恋程度打打分

### 情景测试

这个个性张扬的时代，每个人都敢于表现自己的个性，并且充满自信，看自己的时候总是各种顺眼，而看别人却充满了挑剔。每当自我感觉良好的时候，可是被他人说成是“自恋”心里忍不住一阵泛酸。那么，你到底是不是一个自恋的人，或者有没有潜伏的自恋倾向呢？用下面的问题测试一下吧。

1.你到商场挑选镜子，你会买以下哪一款？

A.圆形没图案的

B.四方形净色的

C.有花纹边的

2.你的公司每年夏天都会举办不同的活动，你觉得你要参加哪一项？

A.滑冰比赛

B.潜水比赛

C.滑浪风帆比赛

3.你最喜欢从哪个角度照镜子？

A.正面半身

B.正面全身

C.侧面全身

4.逛街时，你朋友说去买彩票，在这个空暇时分你会怎么做？

A.随手拿出小说打发时间

B.从铺头的镜中望一下自己

C.张望一下四周围的人

5.如果今天你一定要给自己装扮点红色的装扮，你会选择以下哪一项？

A.鞋

B.背心

C.皮带

6.你说话时最经常触摸自己身体的哪一部位？

A.头发

B.脸

C.手指

7.如果去日本旅行，你会最喜欢做以下哪个活动？

A.爬山

B.购物

C.泡温泉

8.你有没有偏食的习惯？

A.没有，出名的食物焚化炉

B.一点点偏食

C.严重挑食

9.如果你要养一只宠物，你会选择哪种？

A.猫

B.狗

C.兔

10.进了地铁，才发现忘记带电话了，你这时会怎么做？

A.下个站下车回家里拿

B.向同事借来用

C.没带也无妨

## 计分方法

| 得分 \ 题号 / 选项 | 1 | 2 | 3 | 4 | 5 | 6 | 7 | 8 | 9 | 10 |
|---|---|---|---|---|---|---|---|---|---|---|
| A | 3 | 5 | 3 | 3 | 3 | 1 | 3 | 1 | 5 | 5 |
| B | 1 | 1 | 5 | 5 | 5 | 3 | 1 | 3 | 3 | 3 |
| C | 5 | 3 | 1 | 1 | 1 | 5 | 5 | 5 | 1 | 1 |

## 完全解析

**10～20分：自恋度0%；自恋不足，自卑有余**

你就是一个没有自信心的人，别说自恋了，你压根就是一个自卑的人。你经常希望在人面前有表现自己的机会，就是自己却不争气，因而产生顾影自怜的感觉。其实这种心理障碍是可以消除的，需要自我认识的过程，最重要的是学习如何去开解自己、面对现实。

**21～30分：自恋度50%；爱人又爱己**

恭喜你！你绝对是一个正常的人，有时候会对自己表示很满意，自恋一下，但这种状态是正常的，也是可以让人接受的。你这种状态也很好地表现在恋爱上，由于你懂得适度表现自己美的一面，自然而不造作，令情人也感到骄傲。

**31～50分：自恋度100%；一生最爱是自己**

你是一个极度自恋的人，时刻追求完美无瑕的生活，不仅是对自己，对别人也如此。你特别在意自己的外貌、身材、才学，因为你觉得你在各方面都十分优秀，没人能比得上你。你甚至觉得自己是一个完美的人，自己所做的一切都是理所当然的。这种过分的自恋会使你的另一半爱得很痛苦，因为你是一个以己为先，爱自己甚于他人的人。

### 心理贴士

人人都应该爱自己，但是爱得过了火就危险了。很多艺术家在某种程度上的自恋，有时候不仅不是问题，反而可以增加他们的个人魅力。但适度很重要，自恋就像炒菜用的盐，少了则淡而无味，多了便难以入口。千万别把自恋发挥到极致，那会成为一种病。

## 从男人睡前的行为看性格

### 情景测试

在睡觉之前，你一般会做点什么呢？想要窥探男人性格中的小秘密，研究他睡觉前的行为或许可以帮助你哦。想了解的话，试试下面的测试吧。

A.睡前总会看一会儿电视

B.临睡前爱吃宵夜

C.睡前会先去泡一会儿酒吧

D.阅读同时听会儿音乐

E.临睡前坚持做一阵健身运动

### 完全解析

选择A：爱面子，内心感到空虚。工作上，他十分注重自己的表现，毅力十足，不停充实自己，在人前总是一副工作狂的样子。可是，当只剩下自己一个人时，却总是有说不出的空虚和寂寞感。多彩的电视情节可以帮助他排遣空虚。对于爱情，他十分腼腆，动心之后仍要考虑很久才付诸行动。除非对方是个完全合乎他标准的理想对象，他才会抛开面子，积极主动地进攻。

选择B：他是个脆弱而敏感的男人。不管是工作或是人际关系上，他常常感到压抑，无法宣泄情感。所以，他总是习惯性地以一餐餐美味的宵夜来抚慰自己受委屈的心。若你心仪的男人属于这一类，不妨试着成为他最忠实的倾听者，让他于你面前可以舒服地诉说，洗清心中的苦闷。在爱情方面，他不希望自己的另一半是女强人，控制狂人或是批评他举止的人。因为钟情于温柔小女人的他，期许自己敏感的心能遇上一名体贴的女子，平和地相恋相许。

选择C：个性鲜明，总是跟着“心情”和“感觉”走。出于工作和社会的压力，他总会偷偷藏起自己的真实情绪，而酒吧则是他的最佳宣泄出口，在那里他可以获取心理上的平衡。对于爱情，他憧憬温馨的家庭，使自己的心情有所依恋，但同时也会寻觅短暂的激情以宣泄情绪。

选择D：他是个沉稳的男人。对于未来，他的心里早就有着清晰的蓝图。他对生命饱含热情，也执着于工作。更重要的是，他时常省视自己，发现内里的优缺点。若喜欢上这样一个男人，你需要细心地经营彼此的感情。日常生活的默契必不可少之外，你还需要多看点书，让自己的心灵得以成长，对事情更富判断能力，同时，多和他讨论。千万不可停止成长，否则他可能会因为嫌弃你的内在而离开你。他讲究品位，对爱情，重质而不重量，愿与一名相爱的女子天长地久，并不需要交一大堆女朋友来满足自己的虚荣。

选择E：他对自己有着极高的期望，对于生命满怀自信，有着自己的目标且坚信终有一天能够达成。如果爱上这样的男人，你必须有充分的心理准备。若希望他能有所改变，你需要以柔克刚，用充分的理由让他心服口服，他才会从心里尊重你，从而调整自己的步伐。对于爱情，他属于主动进攻型，遇到喜欢的女性，他不惜运用所有方法去追求。所以，你千万不要过于主动，这只会令他觉得你没有挑战性，并失去征服的欲望。

心理贴士

行为心理学起源于20世纪的美国，奉行行为主义，主张心理学不应研究意识，而只应研究行为。每个人的个性各异，从外在看来，个性是一种行为模式，若从内心来看，则是一个人的态度、思想和认知。在很大程度上，一个人的行为由其个性所决定。反过来说，留心观察一个人的行为，亦可以从中窥探其个性。

## 卧室的装饰

### 情景测试

古语有云，“食色，性也”，性爱在生活中的重要地位不言而喻。在你的内心深处，是如何看待性爱的呢？又怀有什么样的幻想呢？想知道的话就来测试一下吧。你的卧室正在装修，正对着柔软大床的墙面还缺一幅装饰画来渲染气氛。你会选择什么类型的挂画呢？

A.自然风景类

B.栩栩如生的动物

C.人体画

D.不规则图形

### 完全解析

选择A：性格温顺，清新纯情，十分渴求自己被爱、被保护，被拥抱入怀，被轻轻抚摸，总而言之就是被动透顶啦。所以，在做爱时，你较喜欢正常体位，只有于他怀里仰视其刚毅的轮廓和淋漓的汗水，你才能感到安全，获得幸福感。若情人希望尝试新的体位，你总是感到害羞，行动扭捏不安，也不肯主动配合。另外，你有性爱洁癖，坚持不在彼此的居室以外的地方做爱，也拒绝在床和沙发以外的地方做爱，而且你还会逼着对方在激情之前洗浴，这才能让你放心，共赴最佳状态。

选择B：性情狂野不羁，喜欢寻求野性的征服或被征服的刺激。做爱时，你时而像猛狮，在房间里与他玩起疯狂追逐的游戏，浴缸、厨房、过道甚至是壁橱都留下你们翻云覆雨的身影，你贪恋着一种狂野的享受；你时而又像温顺的绵羊，娇弱地蜷缩在沙发一角，温柔地引诱他的进攻，在他粗重的动作中体会力感的神奇。不管是征服还是被征服，都会给你带来无限的快感。于你而言，最钟意的做爱姿势是后背位，你觉得这样最舒适最自我。

选择C：浪漫唯美。在你眼里，人体本身便是一幅精美绝伦的姿体画。爱美是人的本性，在每一次打开对方身体之前，你都会细细地欣赏他起伏有致、健康俊美的身体。你喜欢在他光洁的身体上涂上红酒、放点儿小水果，甚至是用菜肴涂抹出凌乱的图案，而后再俯身抚摸、亲吻，这是你最擅长的前奏。同时，你也把握着主动权，在做爱过程中，你热爱女上位，于男人身上疯狂地舞着，只有按你的方式来释放激情，你才能真切地感受到快乐。

选择D：你有着丰富的想象力，精力十足，好奇心重。性爱影碟，或是从其他途径上获知的各种做爱姿势和技巧，你总会跃跃欲试，渴望新的感受，这一类尝试本身就给了你极大的刺激。你常常坐在他的怀里，将自己搜集而来的图片一张张展示给他看，大胆地要求他与你配合。你是将“性”福洋溢到极致的女子，不断变换着花式，只求挖掘深处的快乐。

**心理贴士**

性心理，简而言之就是人类性行为活动中的各种心理反应。人类的性活动与动物的性本能不同，内里包含着丰富的心理活动，同时也受到社会因素的影响。这也是人类性活动与动物性本能的根本区别。

# 测测你的自尊心

## 情景测试

请根据你一周内的情绪体验如实选择，分为很符合、符合、不符合、很不符合4种情况。

1.我觉得自己有着自己的价值，至少与其他人在同一水平上 。

2.我能感受到自己身上的良好品质。

3.说到底，我更倾向于将自己视作一名失败者。

4.和大多数人一样，我能把事情做好。

5.认为身上值得骄傲的地方不多。

6.肯定自己。

7.总的来说，我满意自己的表现。

8.我希望能为自己赢得更多尊重。

9.我确实时常感到自己毫无用处。

10.我时常认为自己一无是处。

## 计分方法

选“很符合”计4分，选“符合”计3分，选“不符合”计2分，选“很不符合”计1分。

## 完全解析

总分为10～40分，最终的总分值越高意味着你的自尊程度越高，分值越低则说明你自卑感越深。

## 心理贴士

自尊是自我意识中的核心要素，是社会关系与个人对自尊的需要之间相互关系的体现。自尊与个体的关系、社会适应能力和人的心理健康有着非常密切的联系。

## 探秘自卑的源泉

### 情景测试

1.相比周围的人，你觉得你的个头如何？

A.比大多数人低

B.差不多

C.挺高的

2.每一次看着镜中的自己，你心里会最先想到什么？

A.毫不在意，持无所谓态度

B.精心修饰一下

C.真希望自己可以更好看点儿

3.看到别人为你画的图像，你心里如何评价？

A.不满意

B.差不多

C.很漂亮

4.你担心多年之后，自己会因某些事情而变得过于忧虑吗？

A.常有

B.一点儿没有

C.偶尔会有

5.身边的朋友喜欢你，尊敬你吗？

A.我很受欢迎

B.我不受欢迎

C.一般

6.拿到批改过的工作方案后，你的同事想看，你会怎么办？

A.藏起来不让看

B.让他们去看

C.把错误处隐藏

7.你有过某件事情决不可以输给他人的想法吗？

A.从来没有

B.偶尔会有

C.经常会有

8.碰到让你烦心的人或事时，你会怎么办？

A.非常难受，无以排解

B.借酒消愁

C.向家人朋友诉说

9.若有异性朋友认为你“很没意思”或者“很笨”，你会怎么处理？

A.心中感到很难受

B.以同样的言语回敬

C.无所谓

10.如果你周围的朋友正在说你欣赏的异性的坏话时，你会如何反应？

A.当即反驳：这是不可能的

B.怀疑是不是真的

C.不管别人怎么说，与我无关

11.尽管非常努力，但在工作上，你始终还是赶不上同事，你会怎样办？

A.承认自己实力不够

B.从其他方面超过他

C.不服气，仍继续努力

## 计分方法

| 题号<br>得分<br>选项 | 1 | 2 | 3 | 4 | 5 | 6 | 7 | 8 | 9 | 10 | 11 |
|---|---|---|---|---|---|---|---|---|---|---|---|
| A | 5 | 1 | 5 | 5 | 1 | 5 | 5 | 5 | 5 | 1 | 5 |
| B | 3 | 3 | 3 | 1 | 5 | 1 | 3 | 3 | 3 | 5 | 3 |
| C | 1 | 5 | 1 | 3 | 3 | 3 | 1 | 1 | 1 | 3 | 1 |

## 完全解析

42～55分：你非常自卑，而这种自卑感大多源于你的性格而不是个人能力。因为自卑，不管与人交往还是工作，你总是消极悲观地看待。

28～41分：你有一定的自卑心理。在开始一项工作之前，你总是觉得自己不行，这会让你焦虑和担心。你的自卑主要源于对自己及周围的人缺乏了解。

14～27分：你略有自卑感。你给自己定下了过高的目标，过于严格地要求自己，从而使自己产生了自卑感。你不甘现状，渴求出人头地，习惯性地与人论个短长，稍有不如意就陷入了自卑的泥淖。

11～13分：偶尔出现轻微的自卑心理。但你隐藏得很深，不易察觉到。

### 心理贴士

有的时候，自卑心理往往只是出于自己在某一方面技不如人，造成对自己整体的过度否定。俗话说，“尺有所短，寸有所长”，每个人都是一个独一无二的个体，拥有自己的长处和不足。不要以过分比较的心态来看待自己和他人，要学会及时发现自己身上的闪光点，建立起自信心，这样才能拥有积极健康的心态。

# 神秘的性格

## 情景测试

我们常常会遇见这样一类人，他们总是给你一种高深莫测的感觉，根本猜不出来他们内心的想法。在别人的眼中，你会不会也是这样，被认为性格神秘呢？用自己的第一感觉完成下面的简单测试，并统计得分，得出最后的结果。

1.在海洋深处迷路，有好心的动物前来为你引路，你希望是哪种动物？

A.海龟　B.水母　C.白鲸　D.海豚

2.在沙漠旅行，你最怕被以下哪一种动物袭击？

A.蝎子　B.毒蛇　C.沙漠狼　D.鹰

3.在森林中遇到猛兽，你觉得哪种动物最具威胁性？

A.灰熊　B.野象　C.狮子　D.黑豹

4.以下哪一种动物，你最希望有机会能把它当作宠物带在身边？

A.刺猬　B.袋鼠　C.鳄鱼　D.北极熊

## 计分方法

| 题号 / 得分 / 选项 | 1 | 2 | 3 | 4 |
|---|---|---|---|---|
| A | 2 | 4 | 1 | 2 |
| B | 4 | 2 | 3 | 1 |
| C | 3 | 3 | 2 | 4 |
| D | 2 | 1 | 4 | 3 |

## 完全解析

4~6分：你是个比较直爽的人，不会刻意伪装自己，有什么说什么，即使遇到什么不该说的，也会真诚相告。所以，你身上基本没有神秘的性格特征。

7~9分：你有着隐藏型的神秘性格，虽然不会总摆出一副很神秘的样子，但有时会故意表现得很神秘，不过，这都是为了吸引注意。所以，当你表现得很神秘的时候，常常可以为周围的人带来惊喜或快乐。

10~12分：你有着不愿被别人了解得太深入的性格特征，你希望自己的大部分生活保持神秘，即使被问及你的私事，你也常会语带保留，不会明确回答。你有着标准型的神秘性格。

13～16分：你是一个生性神秘的人，你无须特意假装神秘，因为你平时的想法和表现便已经明白地说明了这一切。虽然你有着神秘的性格，但这并不意味着你是难相处的人，相反，你拥有着很多知心好友。

心理贴士

通常来说，什么样的人会让人感觉神秘呢？他们主要具备两个方面的条件：一是这个人让人感到有趣，能够吸引别人注意；二是他所具备的这种吸引力让人难以捉摸，这种难以捉摸的感觉令人在他的身上投下很多的注意，虽然内向的人也会散发出神秘感，却难以对他人产生足够的吸引力。

## 爱人的礼物

### 情景测试

每个人都渴望在特别的日子里收到礼物，特别是来自爱人的礼物。那么在你的内心深处，最希望从他（她）那里得到什么样的礼物呢？仔细想想吧，因为从中你可以发现自己性格中的小秘密哦。快来测试一下吧。在新年将至的时候，你的爱人郑重地给你送上一件礼物，在打开之前，你心里最期待的是什么？

A.钻戒

B.他\她珍藏的纪念物

C.新房的钥匙

D.他\她从小到大的日记

### 完全解析

选择A：虽然别人已经给你打上了100分，可追求完美的你却还是希望可以做得更好，你总是让自己处于巨大的压力之下！

选择B：你很容易会在一些琐碎的问题上纠缠不清，并因此裹足不前，难以获取应有的成就感。

选择C：渴望安全感的你非常害怕被外界伤害，容易在过分警惕和忧虑中变得自闭。

选择D：你在工作中总是表现得很外向，但私下里却注重保护自己和家人的隐私，有着很强的防范意识。

心理贴士

完美主义者的最大特点就是事事都追求完美，然而世界上没有十全十美的事，这就使得完美主义者陷入了矛盾的怪圈当中。追求完美并没有错，甚至可以说是一种积极进取的生活态度，然而凡事都有一个度，过分的追求则会给自己带来不必要的烦恼。古人说："过犹不及"就是这个道理吧。

## 糖果的颜色

### 情景测试

这是一道针对小朋友的心理测试题。小朋友们大多爱吃糖果，那么就请他们选择一下自己最喜欢的糖果吧，这颗甜甜的糖果中可是藏着一个孩子的性格秘密哦。想象一下，面前的盘子里装着5种不同颜色的糖果，你会先吃哪一种的呢?

A.白色

B.黑色

C.黄色

D.绿色

E.粉红色

### 完全解析

选择A：选择白色糖果的小朋友热爱一切纯洁的事物，洋溢着鲜活健康的生命力，永远标榜年轻，特别恐惧衰老和疾病，就连嘴边浅浅的笑纹都能让他们小小地紧张一阵子。

选择B：在糖果中，黑色总是显得很另类，同时它也意味着“覆盖一切的权力”！选择黑色糖果的小朋友支配欲较强，渴求在学业、事业上获得成功。不过，请你一定要记得：若想成功，你必须持着最大的热情，付出最大的努力。

选择C：黄色是鲜明跃动的色彩，无关物欲。选择这种颜色糖果的小朋友，是不是热衷于漂亮的衣裳或者时尚的玩意儿呢？需提醒你的是，要注意内外兼修哦，这样才能成为最受欢迎的宠儿。

选择D：绿色象征着表现欲。选择这种颜色糖果的小朋友，多数能言善辩，说起话来头头是道，天生就渴求能够吸引注意，而自己又确实具备这样的能力。相信许多明星在做这个小测试的时候都会选择绿色。

选择E：娇嫩的粉红色总是能与“浪漫”“爱”“温柔”等美好的词语联系起来……这类小朋友相信“有爱就有幸福”，心地善良，其内心深处可是会将爱放在生命中至高的地位哦！

### 心理贴士

儿童心理学作为心理学的一个分支，一般以儿童从出生到十四五岁之间心理的发展和变化为研究对象。它同时也是发展心理学的一个分支。心理学家认为，心理发展的实质是针对周围环境的一种直接的反应进而产生心理内化的一种过程。比如说，新生儿的心理便是对外界刺激产生的一种直接反应。

## 哭泣的心灵

### 情景测试

哭泣是人类流露情感最直接的方式之一，曾有古人这么描述哭泣，有声无泪为哭，有泪无声为泣。请依序排出下面最容易让你哭的原因：

1.感动

2.伤心

3.痛（肉体的痛）

4.生气

5.担心/紧张

## 完全解析

**感动（在与你不相熟的人的眼中的你）**

排在第1：时常藏起自己的想法。神秘感十足，难以接近。

排在第2：很关心他人，很容易察觉身边的人不开心。

排在第3：想到要做什么便去做什么，傻傻的也怪怪的，不过很可爱。

排在第4：不会为自己考虑，总是要别人担心。

排在第5：非常聪明，也是负责任的领导。

**伤心（跟你很熟的人心中的你）**

排在第1：对事对物要求很高，大多时候都过于固执。

排在第2：讲道理的人。可以明辨是非黑白。

排在第3：心思细腻。很多时候，你的伤心不会直接表现出来，可其实大家都感受得到。

排在第4：需经仔细思量才会做选择。不愿意被人看扁，自尊心很强。

**痛（你希望别人觉得你……）**

排在第1：需要别人保护。

排在第2：不好接近。

排在第3：好人。关心身边的人，也不怕做出一些牺牲。

排在第4：聪明但不会骄傲。

排在第5：清楚地知道自己想要什么。

**生气（你最希望你的情人……）**

排在第1：跟你十分默契。两人想法一样，不用多问便可了解对方心声。

排在第2：不轻易发脾气。容忍你的小毛病。外刚内柔。有自己的性格。

排在第3：内心里像个可爱的孩子，你猜不到他的下一步会是什么。

排在第4：细心。你需要的他全都给你备着，不会因为小事而找你。

排在第5：睿智。能管住你的人和心，讲道理。

**担心/紧张（最真实的你是……）**

排在第1：害怕被别人知道真实的自己是什么样的，不太喜欢自己的性格。

排在第2：孤独。常常希望可以和一大帮人待在一起，只是多数时候你都不知道应该怎么和别人交流。

排在第3：把朋友看得比天还重，十分珍惜身边的朋友。敢爱敢恨。不在意不喜欢的人的看法。

排在第4：直接。这样的性格很容易令你与别人产生不合。希望能有多些了解自己的人，尤其渴望喜欢的人的理解。

排在第5：并不太清楚自己将来想要什么，可是却能幸运地走过半生。对事情不会有过多的要求，最重要是活在当下，享受当下！

**心理贴士**

有调查发现，女人平均一年哭46次，而男人平均只哭7次。大多人在哭完以后，伤心的情绪便可以得到缓解，而且流泪是非常好的宣泄方式，没有不良副作用。研究人员还发现，哭泣不是什么治病的灵丹妙药，可是对恢复人体的健康却有着奇妙的疗效。

# 你的第二性格

**情景测试**

人总是复杂的，拥有着显性性格和隐性性格。隐性性格，也就是一个人的第二性格。你可以一下子说出自己的许多性格特点，可是却依然难以察觉那些隐藏于心底深处的隐性性格。想了解你的隐性性格吗？一起来做做下面的测试吧！

如果你的另一半在临终前要送你最后一件礼物，你最希望是什么？

A.一笔钱

B.一个秘密

C.一栋房子

D.一本日记

**完全解析**

选择A：你有着“表演性格”，追求完美主义，每一次都要努力做到最好。在别人心中，你已经得到100分了，但自己却觉得还可以做到更好，因此常常会让自己处于无形的压力之下！

选择B：你具有“赌徒性格”，不愿意服输，所遇的挫折越大，越能激起你内在的韧性。你非常强悍，不会被任何的挫折和困难所打倒，再大的挫折都能很快站起来。

选择C：你具有“怀疑性格”，你渴求安全感，害怕受伤害，为保护自己容易变得自闭。你需要的很大安全感，无论是金钱、工作还是人生成就感上，只要安全感稍有不足，就很容易变自闭！

选择D：你具有“保护性格”，你注重保护自己的隐私，尽力维护自己的私密空间。你公私分明，在工作上努力用心，但工作之余，希望能跟家人或朋友一道处于被保护的空间之内，这样才能比较自在，可以做另一个真实的自己！

**心理贴士**

心理学大师荣格认为，每个人的人格中都包括“显性”与“隐性”两部分。也就是说，除了外在表现出来的“显性人格”以外，每个人的内心深处还潜藏着与之相反的“人格的影子”。比如说，活跃分子也有着很忧郁的一面，而一个很安静的人，在陌生的环境下则会显得躁动不安。

# 从吃肉看出你的野心指数

## 情景测试

从一个人喜欢吃的肉的种类，就可以判断出这个人在权力方面的欲望，这是没法隐藏的倾向。赶快检测一下你的同事们，看谁是名副其实的野心家。首先选出他最爱吃的肉是以下哪种：

A.鸭

B.猪

C.羊

D.鸡

E.牛

## 完全解析

**选择 A：野心的指数为 65%**

喜欢吃鸭肉的人很热衷于突显个人能力，好表现，无论什么场合都希望发挥出自己的水平与能力，只要有什么成绩就会马上向众人公布，生怕别人不知道似的。他们最喜欢得到众人的认可，那样会极大满足自己的虚荣心。可惜的是弄巧成拙的概率也相当高，因为表现得实在太过于明显。工作的专心程度以及努力的程度都有待加强，做事情老是想得过多，只会白白浪费时间，还会因此缚手缚足。他们还害怕野心外露引起他人非议，是又爱吃又害怕被人知道的典型代表。

**选择 B：野心指数为 70%**

喜欢吃猪肉的人容易高估自身能力，有些自恋倾向，会觉得自己的才干足以成为众人领袖。本身的能力只有七分，还硬要说成有十分，属于典型的自我感觉良好。个性上往往沉不住气，喜欢用领导的姿态来要求对方服从自己，常常引起他人不满。向往拥有权力和名气，追求大众的崇拜仰视。这类人也愿意花很多时间去获取，甚至不惜要些小手段小聪明，利用某些人际关系，却不知其实自己才能平平，根本难以服众。

**选择C：野心指数为50%**

喜欢吃羊肉的人本身具备不错的才能，通常某些方面有特长，工作也兢兢业业，所以一般会有不错的人缘，却并不爱显露锋芒。他们也渴望成功，当然也有野心，但经常感觉后继无力，这是受性格虎头蛇尾的制约，常常三分钟热度，无法在一件事情上保持耐心与毅力，所以会出现无力与人拼到底的局面，无需等待他们攻击就自动选择放弃，更不用谈想出对策来取胜了，最后通常败阵。

**选择D：野心指数为30%**

喜欢吃鸡肉的人的野心指数不高，性格本分老实，并不期望自己表现出色，只求能够完成本职工作，攀权附势的事几乎不会做。他们的IQ很高，是技术型的人才，很有钻研精神，但EQ不高，尤其缺乏正确的直觉。热衷于八卦消息，因为害怕会被权力中心所遗忘，而且还守不住秘密，很容易成为办公室的言论制造者，甚至把一些事实上并不太严重的事情添油加醋，说得面目全非。这种性格容易被某些野心分子所利用，成为办公室里面斗争放话的一个传声筒。

**选择E：野心指数为90%**

喜欢吃牛肉的人野心勃勃，希望自己在任何方面都表现出色，并不遗余力来达成目标。他人际关系非常好，简直是八面玲珑，表现大家也都看在眼里，若是赢了，他人心服口服，升职如囊探物。表面上很好相处，容易取得他人信任，但骨子里的野心虽然不露声色却从未减少，只是掩饰得好罢了。这类人从一开始就处心积虑往上爬，表现积极，善于争取到权力高层的注意力。

**心理贴士**

查尔斯·罗捷曼是法国的社会学家和心理治疗师，他认为野心主要分为两种：一种是具有破坏性质的，建立在狂妄自大以及与他人相对比的基础上，对那些比自己优秀的人充满嫉妒和愤怒，会不择手段地想要胜过他。

另一种则是相反，是积极向上的，主要表现为努力进取的心态，能够促使自己积极挖掘出自身的潜能，同时改善四周环境。

## 心理学知识：自恋与孤独

自恋（Narcissism），它形容的是一种自我陶醉的行为或者是某种习惯。一般来说，如果情况不太极端的话，自恋这种心理状态也是可以被视为健康心理中的一个的重要元素。从心理学和精神学的分析学上表示，过度的自恋是会转变为病态的，甚至会产生严重的人格分裂或者某些不正常的表现。自恋这个字眼一般情况下带有贬义意味，代表了自私自负、自我以及自满等。当这个词用于某个社会团体的时候，则通常代表的是精英主义，又或者是对其他人遭受的疾苦不闻不问，表现为一种冷漠和不近人情。

《韦伯斯特辞典》里面有提到自恋。这里面把自恋界定成为第六种情感，有贪得无厌的含义。产生自恋心态的人往往以自我为中心，唯我独尊，对自我的爱惜达到几乎病态的地步。这种人不愿意付出，只喜欢享受；不愿尽义务，却要求权利；极度不负责任，渴望权势；认为自己是十分优秀的，而他人一文不值；只爱自己，不懂得爱别人……如此种种，都是自恋倾向者心态的表现。具有这种自恋心态的人通常难以与他人发展成为任何具有意义的人际关系，所以通常陷入深深的孤独寂寞之中。自恋与孤独，其实如影随形，是一种因果的必然关系。并且，伴随自恋的，通常为自卑与忧郁。

## 心理学知识：自闭

自闭，也就是自闭症（Autism），指的是合并具有认知的功能、语言的功能和人际交往等方面的特殊病理，导致罹患者对于社会生活的适应有明显的困难和广泛性的发展阻碍。

引发自闭症的原因尚且未知，许多研究人员怀疑自闭症其实是由人体的基因控制，再由某些环境因素所触发。

美国国家精神卫生学院做出保守估计，美国自闭症的发病率为千分之一。总计男性的比率高出女性大概三到四倍，但女性发病时的病征会比男性要严重。据联合国发布的数据表明，患上自闭症的概率为一百五十分之一。诊断是以一系列的精神病学原理为基础，某些临床测试也可以协助断症。

自闭症在生理上的表现不明显，因此此断症需要一份完整的身体与神经评估。自闭症必须是要在三岁前出现例如社会互动、言语沟通及社交等方面迟缓发展。ICD-10也要求病征是在三岁之前出现。部分自闭症患者可以经过诊治或者特殊教育，来改善他们在社交方面的能力，慢慢参与一些主流教育或者社交活动。不过以现阶段的医疗科技水平来讲，还不可能完全根治自闭症。

# Part 2

# 思维导图，了解你的心智成熟度

# 解开IQ密码，你的脑瓜有多灵

IQ，就是智商，指的是一个人智力水平的数量化指标，也就是我们生活中说到的智力。具体来说，IQ是指个人的数字、逻辑、空间、创造、记忆等多方面的能力水平，体现一个人综合的聪明度，也就是智商越高，这个人就越聪明。

## 单词的记忆

### 情景测试

每个人都想拥要超人的记忆力，但是你的记忆力如何呢？通过一个小小的测试就能看出来！下面请你在2分钟内努力记住这20个GRE考试的单词。

| | |
|---|---|
| sluice | 水闸 |
| hibiscus | 芙蓉 |
| hippopotamus | 河马 |
| bust | 半身雕像 |
| incipience | 初期 |
| harangue | 长篇演说 |
| quagmire | 沼泽地 |
| qualm | 疑惧 |
| obese | 极肥胖的 |
| propitiatory | 取悦的 |
| sporadic | 不定时发生的 |
| rendezvous | 约会 |
| affidavit | 宣誓书 |

isthmus　地峡

chide　叱责

cogency　说服力

encipher　译成密码

hegemony　霸权

insinuate　暗指

juxtapose　并排

现在，请你对照下面的空格，在空格处选择合适的中文释义。

1.sluice

A.水闸　B.约会　C.霸权　D.疑惧

2.hibiscus

A.沼泽地　B.疑惧　C.叱责　D.芙蓉

3.hippopotamus

A.初期　B.河马　C.霸权　D.并排

4.bust

A.地峡　B.说服力　C.半身雕像　D.取悦的

5.incipience

A.极肥胖的　B.译成密码　C.宣誓书　D.初期

6.harangue

A.疑惧　B.说服力　C.长篇演说　D.并排

7.quagmire

A.半身雕像　B.沼泽地　C.取悦的　D.暗指

8.qualm

A.疑惧　B.芙蓉　C.约会　D.地峡

9.obese

A.取悦的　B.不定时发生的　C.暗指　D.极肥胖的

10.propitiatory

A.霸权　　B.取悦的　　C.不定时发生的　　D.长篇演说

11.sporadic

A.说服力　　B.不定时发生的　C.译成密码　　D.长篇演说

12.rendezvous

A.取悦的　　B.水闸　　C.约会　　D.半身雕像

13.affidavit

A.宣誓书　　B.霸权　　C.译成密码　　D.叱责

14.isthmus

A.疑惧　　B.地峡　　C.说服力　　D.沼泽地

15.chide

A.宣誓书　　B.取悦的　　C.水闸　　D.叱责

16.cogency

A.说服力　　B.暗指　　C.不定时发生的　　D.极肥胖的

17.encipher

A.长篇演说　　B.译成密码　　C.沼泽地

18.hegemony

A.沼泽地　　B.水闸　　C.霸权　　D.取悦的

19.insinuate

A.暗指　　B.叱责　　C.疑惧　　D.说服力

20.juxtapose

A.霸权　　B.说服力　　C.宣誓书　　D.并排

## 计分方法

1.A　2.D　3.B　4. C　5.D　6.C　7.B　8.A　9.D　10.B　11.B　12.C　13.A　14.B　15.D　16.A　17.B　18.C　19.A　20.D。答对一题计1分，计算总分。

**完全解析**

20分：你有超强的单词记忆能力！

15～19分：你有非常优秀的单词记忆能力！

10～14分：你的单词记忆力很不错！

5～9分：你的单词记忆力一般！

0～4分：你的单词记忆力有点儿差！

**心理贴士**

记忆主要包括识记、保持和回忆三个基本过程。识记是认识并且记住事物，再进行经验累积的一个过程；保持则是将已经认识的事物在人脑中存储的过程；回忆是对头脑中的知识和经验提取的一个过程。

## 文字的记忆

**情景测试**

现在，请用60秒时间来阅读以下这段文字。

1934年9月20日，索菲亚·罗兰（Sophia Loren）在意大利的罗马出生。她的童年在那不勒斯附近的一个贫民区里度过，她从来没见过生父，她是个私生女。

16岁，索菲亚·罗兰开始了银幕生涯，先后在Variety Lights（1950）和Quo adis（1951）两部影片中扮演了小角色。随后她与导演卡罗·庞帝（Carlo Ponti）结识并进入婚姻殿堂。1961年她凭影片La Ciociara一炮打红，获得了奥斯卡最佳女演员奖。在60年代，她与玛丽莲·梦露、碧姬·巴铎、简·方达等女星一起成为所有人心中性感的象征。此外，她与美国著名男影星加里·格兰特（Cary Grant）有很好的友谊，来往甚为密切。

索菲亚·罗兰在《卡桑德拉大桥》（1976），《Una Gionata Particolare》（1977）《Pret a Porter》（1994）等影片中均有优秀表现，精

湛的演技也为她赢得了大家的支持和尊敬。她主演的很多影片都由她丈夫执导。在合作演员中，她与意大利男星马切罗·马斯特洛亚尼（Marcello Mastroianni）同台演出的次数最多。半个世纪以来，她以卓越的演技、动人的风采、给大家留下七十多部影片，被授予奥斯卡终身成就奖。

现在，请合上以上的内容，凭记忆答题：

1.索菲亚·罗兰出生地点是：

A.罗马

B.巴黎

C.那不勒斯

2.在20世纪60年代，以下哪位演员不是人们心中性感的象征？

A.碧姬·巴铎

B.加里·格兰特

C.简·方达

D.索菲亚·罗兰

3.索菲亚·罗兰哪一年获得了奥斯卡最佳女演员奖？

A.1950年

B.1951年

C.1961年

D.1962年

4.马切罗·马斯特洛亚尼是哪国的男星？

A.意大利

B.法国

C.英国

D.美国

5.电影《两个女人》中的主演除了索菲亚罗兰，还有：

A.简·方达

B.玛丽莲・梦露

C.碧姬・巴铎

D.文中未提及

6.哪一年索菲亚・罗兰出演了影片《Pret a Porter》？

A.1977年

B.1994年

C.1976年

D.1951年

## 计分方法

1.A 2.B 3.C 4.A 5.D 6.B，答对一题计1分，最后计算总分。

## 完全解析

6分：你的记忆力非常优秀！

4～5分：你的记忆力优秀；

3分：你的记忆力一般；

1～2分：你的记忆力很差！

0分：那么你的记忆力惊人的差！

## 心理贴士

心理学研究表明，记忆的过程中有一种识记位置效应。据说睡觉之前和醒来之后看书，记忆的效果是最好的。这也告诉我们，最重要的事情为什么安排在开头和结尾。记忆力和人们识记材料的兴趣和需要有关联，很明显，对识记材料感兴趣的程度越高，遗忘就会越慢。

# 24点游戏

## 情景测试

心算指的是不借助任何如计算器、计算机等外界工具的帮助，在头脑中进行快速计算的方法。心算能力是基本心理能力中的一种，在日常生活中应用广泛，例如我们的日常购物或者开销计算等。

24点游戏是一种扑克牌类的益智游戏，这个游戏可以调动眼、耳、口、脑等感官的协调活动，很大程度上有利于我们的心算能力以及反应能力的培养。

提供一组四个1～13的阿拉伯数字（扑克牌中的J、Q、K分别代表11、12、13），用加减乘除，使每一组的4个数字运算得出的结果为24（每个数必须用且只用一次）。

例如：（2，8，1，5）可这样连：8/2×（1+5）=24

下面几组数看看你能不能连起来

一般训练：

第一组：（4，5，5，9）

第二组：（3，5，8，8）

第三组：（10，10，4，4）

第四组：（7，2，7，1）

第五组：（3，3，3，3）

第六组：（2，3，7，9）

## 完全解析

第一组：（4，5，5，9）：

【解答】9+4×5－5

第二组：（3，5，8，8）：

【解答】8+3+5+8

第三组：（10，10，4，4，）：

【解答】$(10\times10-4)\div4$

第四组：（7，2，7，1）：

【解答】$(7\times7-1)\div2$

第五组：（3，3，3，3）：

【解答】$3\times3\times3-3$

第六组：（2，3，7，9）：

【解答】$(9+7\times3)\div2$

目前，高级心算已开始结合珠算，称作珠心算。我们都知道，传统珠算在运算过程中，由于各个器官和肢体的协同动作，是有很益智作用的。高级心算利用珠算的基本原理，在人脑中形成脑像图，不需要手指拨珠，直接在人脑中展开运算。这种形象思维大部分依靠右脑活动来进行，因此可以有力地开发右脑功能，进而促进了提高人脑的整体功能。儿童早期教育方面，珠心算的益智方法在台湾地区很是流行。

**心理贴士**

心算，其实就是我们生活中常说的“口算”，是日常数学教学方法的一种。它不仅可以培养学生快速计算的技巧，还可以培养孩子的注意力、记忆力以及思维能力。

## 九宫图

武侠小说《射雕英雄传》里，金庸写到，神算子瑛姑独创出九宫图，苦思了十五年未能破解，岂料一个涉世未深的黄毛丫头黄蓉轻而易举就破解了。现在呢，我们再现当时场景，请你也动动脑，看看机智的黄蓉究竟是如何破解九宫图的呢？

规则：把1～9九个数字填到下面的九宫格里面，要求是每一横竖斜之和都等于15。

| | | |
|---|---|---|
| | | |
| | | |

九宫图别称是“幻方”，因为共有三行三列又称为“三阶幻方”。想不想像黄蓉一样解开奥秘，破解这九宫图呢，试一试吧。

**四阶幻方**

规则：把1~16的十六个数字填到下图中，使其每一横竖斜之和都等于34。

| | | | | |
|---|---|---|---|---|
| | | | | |
| | | | | |
| | | | | |

**五阶幻方**

规则：把1~25二十五个数字填到下图中，使其每一横竖斜之和都等于65。

| | | | | | |
|---|---|---|---|---|---|
| | | | | | |
| | | | | | |
| | | | | | |
| | | | | | |

## 完全解析

**黄蓉九宫图的破解**

金庸通过笔下人物黄蓉之口，给出的口诀：“二四为肩，六八为足，左三右七，戴九履一，五居中央。”（注：因为古人读书写字从右往左，所以“二四为肩”，在当年的图中即为左4右2的排列，以此类推）具体请见下图中对数字的排列。

| | | |
|---|---|---|
| 4 | 9 | 2 |
| 3 | 5 | 7 |
| 8 | 1 | 6 |

**四阶幻方的解法**

| | | | |
|---|---|---|---|
| 16 | 3 | 2 | 13 |
| 5 | 10 | 11 | 8 |
| 9 | 6 | 7 | 12 |
| 4 | 15 | 14 | 1 |

**五阶幻方的解法**

| | | | | |
|---|---|---|---|---|
| 17 | 24 | 1 | 8 | 15 |
| 23 | 5 | 7 | 14 | 16 |
| 4 | 6 | 13 | 20 | 22 |
| 10 | 12 | 19 | 21 | 3 |
| 11 | 18 | 25 | 2 | 9 |

**心理贴士**

中华文明源远流长，在中华的文化宝库之中，不得不提两颗璀璨耀眼的明珠，即“河图”“洛书”。其中“河图”就是我们今天讲到的九宫图。种种论述表明，“河图”“洛书”乃是中华文化的总源头，对华夏文明乃至世界的文化发展，都曾有极为深刻的影响。

## 想象力测试

### 情景测试

请想象下面四幅图，选出你最欣赏的一幅：

A.穿健美运动衣的女性

B.匆匆回眸的女性

C.刚洗过发的女性

D.正在表演的女时装模特儿

**完全解析**

选择A：你容易冲动，但想象力十分丰富。善于抓住瞬时的美，能够从动作中产生联想。

选择B：是个比A更冲动的追求美的人，想象力也更强，能够在很短的时间内发现问题。

选择C：想象力常常受到抑制，通常只见外观形象，不敢设身处地发挥自己的想象力。

选择D：想象力丰富，且十分有智慧，对新鲜的刺激很敏感，能够在一刹那顿生许多新鲜构思。

**心理贴士**

想象指的是大脑以原有的感性形象为基础进行创造，从而形成新形象的一个心理过程。想象力在本质上是一种形象思维。也就是在你脑海中创造出一幅画面或者念头的能力。

## 测测你的观察力

**情景测试**

这是美国智力趣题专家奇尔出过的一道测试题，很多孩子轻松地说出题目答案，但奇怪的是，很多成年人反倒对此题感到无从下手。由此可见，年龄增长，的确有可能减弱你的观察力！不过对于善于观察的人，答出这道题简直轻而易举，快试试吧。

图中有一辆公交车和有A和B两个汽车站。

请问：公共汽车现在是要驶往A站，还是驶往B站？

**完全解析**

汽车驶往A方向。

因为图中的公共汽车面向我们的一面没有车门。我国的行驶规则里明确指出，公共汽车的车门始终在车头的右手方位，由此推断，公共汽车驶往A方向。

**心理贴士**

观察力就是大脑对外界事物的一种观察能力，我们在观察自己看到的事物时，对该事物的各个方面特征有一个基本的认识。一个人观察能力的敏锐程度直接决定了他从该事物中获取信息量的多少。

## 心理学知识：智力

1916年，心理学家Stem提出“智商”（Iritelligence Quotient简称IQ）的概念作为衡量个人智力水平的数量化指标。计算智商的方式除了上面章节介绍的心理年龄外，在20世纪50年代后期，普遍使用离差智商的计算方法。离差智商是以某一个年龄组或团体的平均智商为100，标准差为15或16计算出来的。其公式为：IQ =100 +15Z，其中Z是标准分数，其值等于（X—M）/ S（X为测验得分，M为团体平均分数，S为标准差）。一般采用的智商分级标准如下：

智商（IQ）智力等级

130以上 非常优秀

120～129优秀

110～119中上（聪明）

90 ～119中等

80～89中下（迟钝）

70以下确定为低能

根据统计：

约50%的人口，智商介于90与110之间，即普通智力；

约25%的人口，智商小于90（根据定义，智商100当然就是人口的平均智力水平）；

智商介于110与120者，约占人口14.5%；

介于120与130者，约占7%；

介于130与140者，约占3%；

智商超过140者，仅占人口的0.5%。在低智力的一边，亦有类似的分布情况。可见，“天才”与“迟钝”的人都很少，绝大部分人都是一般智力。对智力测量的方法很多，通常有观察法、实验法、谈话法、个案调查法、作品分析法、智力测验法等。

## 心理学知识：智力结构

吉尔福特与智力结构

吉尔福特，J.P.GuiKord（1897～1987），美国著名心理学家，1950年和1954年分别当选为美国心理学会主席和国家科学院院士，1964年获美国心理学会颁发的杰出科学贡献奖。因应用心理测量方法和因素分析法进行人格特质的研究，尤其是对智力结构提出分类而驰名世界。

他在多年因素分析研究的基础上于 1959 年提出了智力三维结构模型（Structure of Intellect，SOI）理论，他否认有普遍因素 G 的存在。认为智力结构应从操作、内容、产物三个维度去考虑。智力活动就是人在头脑里加工（操作过程）客观对象（内容），产生知识（产物）的过程。智力的操作过程包括认知、记忆、发散思维、聚合思维、评价 5 个因素；智力加工的内容包括图形（具体事物的形象）、符号（由字母、数字和其他记号组成的事物）、语义（词、句的意义及概念）、行为（社会能力），共 4 个因素；智力加工的产物包括 6 个因素，即单元、类别、关系、系统、转换、蕴含。这样，智力便由 4×6×5=120 种基本能力构成。

## 心理学知识：认知心理

认知心理学是20世纪50年代中期在西方兴起的一种心理学思潮，是作为人类行为基础的心理机制。认知心理学的核心是输入和输出之间发生的内部心理过程，它与西方传统哲学也有一些内在的联系，其主要特点是强调知识的作用，认为知识是决定人类行为的主要因素。从20世纪70年代开始，认知心理学就开始成为西方心理学的一个主要研究方向。它研究人的高级心理过程，主要是认知过程，比如知觉、表象、记忆、注意、思维和语言等。与行为主义心理学家相反，认知心理学家研究的是那些观察的内部机制和过程，比如记忆的加工、存储、提取以及记忆力的改变。现代认知心理学的主流是以信息加工观点研究认知过程，可以说，认知心理学相当于信息加工心理学。它把人看成是一个信息加工的系统，认为认知就是信息加工，包括感觉输入的编码、储存和提取的全过程。根据这一观点，认知可以分解为一系列阶段，每个阶段是一个对输入的信息进行某些特定操作的单元，而反应则是这一系列阶段和操作的产物。信息加工系统的各个组成部分之间都以某种方式相互联系着。而随着认知心理学的发展，这种序列加工观越来越受到平行加工理论和认知神经心理学相关理论的挑战。

# 解开EQ密码，你的潜力有多大

根据研究表明，在一个人的成功要素当中，智商仅占20%，而情商则占80%。因此，EQ是一个人能否获得事业成功的一项重要指标，同时在一个人综合素质和能力测评方面也占有主导地位。

## 标准的EQ测试

### 情景测试

下面这道EQ测试题在欧洲广泛流行，据说很多世界500强企业都曾用这个测试题测试员工的EQ。

本测试共33题，测试时间25分钟，最高EQ为174分。准备好了，就请计时开始吧。

**第1～9题：**

请从下面的问题中，选择一个和自己最切合的答案，但要尽可能少选中性答案。

1.我有能力克服各种困难：________

A.是的

B.不一定

C.不是的

2.如果我能到一个新的环境，我要把生活安排得：________

A.和从前相仿

B.不一定

C.和从前不一样

3.一生中，我觉得自己能达到我所预想的目标：________

A.是的

B.不一定

C.不是的

4.不知为什么，有些人总是回避或冷淡我：________

A.不是的

B.不一定

C.是的

5.在大街上，我常常避开我不愿打招呼的人：________

A.从未如此

B.偶尔如此

C.有时如此

6.当我集中精力工作时，假使有人在旁边高谈阔论：________

A.我仍能专心工作

B.介于A、C之间

C.我不能专心且感到愤怒

7.我不论到什么地方，都能清楚地辨别方向：________

A.是的

B.不一定

C.不是的

8.我热爱所学的专业和所从事的工作：________

A.是的

B.不一定

C.不是的

9.气候的变化不会影响我的情绪：

A.是的

B.介于A、C之间

C.不是的

**第10～29题：**

请如实选答下列问题，将答案填入右边横线处。

10.我从不因流言蜚语而生气：________

A.是的

B.介于A、C之间

C.不是的

11.我善于控制自己的面部表情：________

A.是的

B.不太确定

C.不是的

12.在就寝时，我常常：________

A.极易入睡

B.介于A、C之间

C.不易入睡

13.有人侵扰我时，我：________

A.不露声色

B.介于A、C之间

C.大声抗议，以泄己愤

14.在和人争辩或工作出现失误后，我常常感到震颤，精疲力竭，而不能继续安心工作：

A.不是的

B.介于A、C之间

C.是的

15.常常被一些无谓的小事困扰：________

A.不是的

B.介于A、C之间

C.是的

16.我宁愿住在僻静的郊区，也不愿住在嘈杂的市区：________

A.不是的

B.不太确定

C.是的

17.我被朋友、同事起过绰号、挖苦过：________

A.从来没有

B.偶尔有过

C.这是常有的事

18.有一种食物使我吃后呕吐：________

A.没有

B.记不清

C.有

19.除去看见的世界外，我的心中没有另外的世界：________

A.没有

B.记不清

C.有

20.我会想到若干年后有什么使自己极为不安的事：________

A.从来没有想过

B.偶尔想到过

C.经常想到

21.我常常觉得自己的家庭对自己不好，但是我又确切地知道他们的确对我好：

A.否

B.说不清楚

C.是

22.每天我一回家就立刻把门关上：________

A.否

B.不清楚

C.是

23.我坐在小房间里把门关上，但仍觉得心里不安：________

A.否

B.偶尔是

C.是

24.当一件事需要我作决定时，我常觉得很难：________

A.否

B.偶尔是

C.是

25.我常常用抛硬币、翻纸、抽签之类的游戏来预测凶吉：________

A.否

B.偶尔是

C.是

26.为了工作我早出晚归，早晨起床我常常感到疲惫不堪：

是________否________

27.在某种心境下，我会因为困惑陷入空想，将工作搁置下来：

是________否________

28.我的神经脆弱，稍有刺激就会使我战栗：

是________否________

29.睡梦中，我常常被噩梦惊醒：

是________否________

**第 30 ~ 33 题：**

**本组测试共 4 题，每题有 5 种答案，请选择与自己最切合的答案。**

标准答案如下：

（1）从不 （2）几乎不 （3）一半时间 （4）大多数时间 （5）总是

30.工作时我愿意挑战艰巨的任务。 1 2 3 4 5

31.我常发现别人好的意愿。 1 2 3 4 5

32.能听取不同的意见，包括对自己的批评。 1 2 3 4 5

33.我时常勉励自己，对未来充满希望。 1 2 3 4 5

## 计分方法

计分时请按照记分标准，先算出各部分得分，最后将几部分得分相加，得到的分值即为你的最终得分。

第1～9题，A得6分，B得3分，C得0分。计________分。

第10～16题，A得5分，B得2分，C得0分。计________分。

第17～25题，A得5分，B得2分，C得0分。计________分。

第26～29题，“是”得0分，“否”得5分。计________分。

第30～33题，从左至右分数分别为1分（从不）、2分（几乎不）、3分（一半时间是）、4分（大多时间是）、5分（总是）。计________分。

总为________分。

## 完全解析

90分以下：你的EQ较低，经常无法控制自己，容易被情绪所影响。很多时候，你容易被激怒、动火、发脾气，这是一个非常危险的信号——你的事业可能会毁于你的急躁。对此，最好的解决办法是给不好的东西做一个好的解释，保持冷静，使自己心情愉快，正如富兰克林所言：任何人生气都是有理的，但很少有令人信服的理由。

90～129分：你的EQ一般，对于一件事，你不同时候会有不同表现，这与你的意识有关：你具有EQ意识，但却不是常常都有，因此需要你多加注意，时时提醒自己。

130～149分：你的EQ较高，能经常保持快乐，不易恐惧担忧。你热情投入工作、敢于负责，为人正义正直、有同情心，应该努力保持。

如果你的EQ高达150分以上，那你就是个EQ高手，你的情绪智慧将会是你事业有成的一个重要前提条件。

### 心理贴士

情商一词是由美国心理学家丹尼尔格尔曼提出的，是衡量一个人情绪智力高低的指标，主要指的是人在情绪、意志、抗挫、情感等方面的品质。总体来说，人和人之间的情商先天无太大分别，主要受后天成长的影响。

## 情绪的控制

### 情景测试

控制情绪是情商的重要基础，拥有良好的情绪控制能力对于一个人非常重要。懂得控制情绪能帮助你拥有良好的人际关系。想知道自己平时对情绪的控制力怎么样吗？那就认真做一做下面的测试题吧。

下列的描述中，请选择符合你情况的一项：

1.你有时向自己的家人大发脾气吗？

A.是

B.不一定

C.否

2.你经常会有难以集中注意力的情况吗？

A.是

B.不一定

C.否

3.有时你会莫名其妙地感到伤感吗？

A.是

B.不一定

C.否

4.在紧张的时候，你总是有办法减轻自己的紧张情绪吗？

A.是

B.不一定

C.否

5.你经常因吃得太饱而感到难受吗?

A.是

B.不一定

C.否

6.你总是能反复不厌其烦地向别人解释自己的过错吗?

A.是

B.不一定

C.否

7.你总是能很细心地向小朋友说明一个难懂的问题吗?

A.是

B.不一定

C.否

8.即使是重复单调的工作，但你却有自得其乐的办法吗?

A.是

B.不一定

C.否

9.在遇到危险时，你会很快沉着起来，努力寻找应对的办法吗?

A.是

B.不一定

C.否

10.不高兴的时候，你就会尽量少与人接触吗?

A.是

B.不一定

C.否

## 计分方法

| 得分 题号<br>选项 | 1 | 2 | 3 | 4 | 5 | 6 | 7 | 8 | 9 | 10 |
|---|---|---|---|---|---|---|---|---|---|---|
| A | 0 | 0 | 0 | 2 | 0 | 2 | 2 | 2 | 2 | 0 |
| B | 1 | 1 | 1 | 1 | 1 | 1 | 1 | 1 | 1 | 1 |
| C | 2 | 2 | 2 | 0 | 2 | 0 | 0 | 0 | 0 | 2 |

## 完全解析

本测试最高得分为20分，分数越高，证明你的情绪控制力越强；分数越低，说明你的情绪控制力越差。如果你的得分在10分以下，证明你控制情绪的能力很差，经常会受到不良情绪的困扰。

### 心理贴士

人的情绪控制能力和他的受教育程度或者知识的多寡并无太大关联，一个人在愤怒的时候经常难以把握“度”，以至于造成无法挽回的结局。因此，学习提高自己的情绪控制能力是非常有必要的，就像富兰克林所说：“愤怒起于愚昧，终于悔恨。”

# 测测你的心理压力

## 情景测试

这本来是一张静止的图片，但很多人看这张图片时却觉得它在转动。事实上这是一张与心理压力有关的图片，赶快测测你的心理状态如何吧。

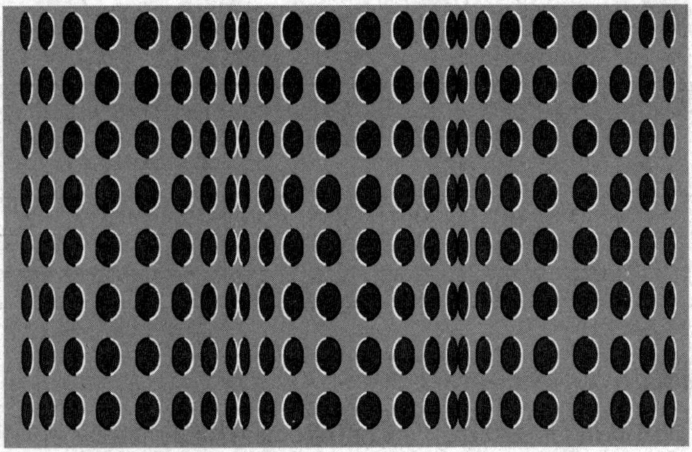

**完全解析**

你的心理压力越大，图片就会转动得越快。

**心理贴士**

现代生活节奏很快，常常使人感到压力倍增，这就要求我们可以及时调整自己来适应社会。从心理学的角度讲，一定程度的压力是有利于学习和工作的高效进行的，但是过大的压力则会造成强迫症、抑郁症、精神分裂等精神上的疾病。要学会缓解压力，尽量合理安排工作。

## 测试你在工作中的情商

**情景测试**

情商复杂而多变，这是因为情商的衡量在很大程度上是依据变量的，比如你和你的同事是否合得来。不过，如果你想大概知道自己情商的状况的话，下面这道心理小测试可以帮助你。

请尽量诚实地回答下列问题。选择非常赞同、比较赞同、差不多或者不同意。

1.我怀着期望成功而不是害怕失败的情绪做事。

2.我通常不把挫折归因于个人的缺点（自己的或他人的）。

3.获得新的信息是我减少不确定性和把工作干得更好的最佳途径。

4.当情况发生变化时我能够迅速改变策略。

5.在工作时我能抑制住我的冲动或沮丧情绪。

6.我在工作中条理井然和小心仔细。

7.我追求新观点，即使那意味着尝试全新的事情。

8.避开繁文缛节和修改过时的规则有时是必需的。

9.我能顺利地处理多方面的要求和变化的工作重点。

10.我注重结果，有实现自己的目标的强大干劲。

11.我喜欢确定具有挑战性的目标，并愿意为实现这些目标冒成败参半的风险。

12.我追求比我当前工作所要求的或所期望的要高的目标。

13.我随时准备为实现一个重要的集体目标作出牺牲。

14.我积极寻找机会促进组织的总目标，并争取其他人的帮助。

15.我所在的小组（或所在的处、部或公司）的价值影响我的决定，并明确我所作的选择。

16.公司的任务是我理解并能支持的事情。

17.我总设法学习如何改进自己的工作成绩，包括向比我年轻的人请教。

18.障碍和挫折会使我耽搁一阵子，但它们阻止不了我前进。

19.我擅长出新主意。

20.我经常能从广泛的各种来源中获得新思想。

21.我负责实现自己的目标。

22.我通常或总是能履行承诺和遵守诺言。

23.我能承认自己的错误。

24.我能在压力下保持清晰的思维，集中精力处理手头的工作。

25.我通常能保持镇定、乐观、冷静的态度，即便在紧要关头。

## 计分方法

选“非常赞同”得4分，选“比较赞同”得3分，选“差不多”得2分，选“不同意”得1分。

## 完全解析

分数越高，说明你的情商越高，低于70分说明你的情商真的有些低了，要多多注意哦。

### 心理贴士

如果你的最后得分偏低，甚至很低，请不要绝望，其实情商是可以通过努力而提高的。情商可以通过我们不断地学习而获得提升，在每个人一生中，都在或快或慢地逐渐提高自己的情商。

# 忧郁的来源

## 情景测试

在越来越大的生活压力下，忧郁已经慢慢成为了现代都市的一种流行病!让我们来测验一下你忧郁的来源到底是什么吧！

现在桌上有4种不同口味的丸子，你最喜欢吃哪一种？

A.爆浆撒尿牛丸

B.新竹贡丸

C.珍珠丸子

D.小鱼丸

## 完全解析

选择A：你的忧郁来源→就是你自己，喜欢自找麻烦的你常让自己莫名忧郁。这类型的人容易想太多，很多事情已经发生过了，可是他内心仍然在拔河，自己不停地反问自己，常常身陷淤泥池沼中。

选择B：你的忧郁来源→身边的小人，谣言太多，会让你很受伤。这类型的人会莫名其妙招惹一些小人，有的时候会希望黑白分明，讨厌灰色地带，希望身边的人富有正义感却通常感受不到，因此心里非常难过。

选择C：你的忧郁来源→对未来没把握，对现状不满，让你有点忧郁。这类型的人是完美主义的性格，内心深处十分缺乏安全感，对未知事物有一定的恐惧，对现在的状况也不满意，自然而然就会很忧郁。

选择D：你的忧郁来源→懂得自得其乐的你根本不想浪费时间去忧郁。这类型的人认为人生苦短，找快乐比较重要，该玩该快乐的事情自己都做不完，哪有时间去理无聊的人或事情？

心理贴士

社会复杂多变，常常逼迫我们以不同的面目去示人，这也说明其实每一个人的性格中都有着很多侧面。通常面对陌生人，我们会有所防备；面对家人，我们会爱意浓浓；朋友面前我们则坦诚直率。这些诸多的侧面，组合起来就成了一个完整而真实的自己。

## 你是个理性的投资者吗

**情景测试**

这是一个投资的时代，而投资的正确与合理显得极为重要，盲目投资通常会导致人们面临无法承受的严重损失。你是不是一个理性的投资者？来测一测吧。

参加工作后领到的第一份工资，你是如何分配的？

A.花一些存一些

B.没计划地花光

C.有计划地花光

D.已经忘记了

**完全解析**

选择A：你是位现实主义者，做人做事都习惯留有相当大的空间，你不愿承受太大的投资风险，同时也不愿失去大好的创业机会，固此事业相对平稳，不过发展也较缓慢。

选择B：你的企业发展易造成“经济泡沫”，容易跟风，随波逐流，不能统筹规划理性投资。不过你个性精明，善于把握商机，如果能寻一位超强的投资专家为合伙人，相信成功就属于你。

选择C：你胆大心细，做事目的性强，是位理财高手。面对商机能够看准形势全力出击，加之成功的管理，会促使企业更加迅猛地发展。

选择D：对于目前的创业投资规划不清晰，因为现状较好，故不用过多顾及以后发展会怎样。建议你制定合理的投资方案，保障长足发展。

**心理贴士**

理性指的是人在正常思维状态下，可以遇事不慌，在对事物进行了客观全面的认识和分析之后采取一种最适合的处理方案。理性和一个人对自我情绪的控制能力关系紧密，因此，一个人是否理性能够决定他情商的高低。

## 你是否感情用事？

**情景测试**

在现代社会中，过于情绪化经常会造成很多不必要的麻烦，情绪经常处于一种紧张状态也会影响一个人的身心健康。你是不是一个感情用事的人呢？请在下列问题的答案中选出最符合你自己情况的选项：

1. 你喜欢做一个：

A.设计各种风格的高楼大厦的建筑工程师

B.中外知名的社会科学教授

C.不知道

2.阅读时，你喜欢选读：

A.各种自然科学书籍

B.哲学与政治理论书籍

C.不确定

3.在各种行业中，你倾心于：

A.音乐

B.手工劳动

C.不确定

4.你工作时，愿意：

A.指挥几个人工作

B.和同事们一起工作

C.无所谓

5.你一向热衷于阅读：

A.军事与政治的实事记载

B.富有情感和幻想的作品

C.不确定

6.你愿意做一个戏剧工作者而不愿做一个机械工程师：

A.是的

B.不是的

C.无所谓

7.你所沉迷的音乐是：

A.轻松活泼的

B.深情的

C.介于A、B之间

8.你爱想入非非吗？

A.是的

B.不是的

C.不知道

9.你认为，对那些犯了错误但有文化修养的人如医生、教师等进行侮辱是不应该的：

A.是的

B.不是的

C.无所谓

10.在各门课程中，你喜欢：

A.语文

B.数学

C.其他

## 计分方法

各题选A得2分，选B得1分，最后计算总分。

## 完全解析

14~20分：你是一个感情用事的人，心肠软，敏感，容易被感动，喜欢幻想，有时过分不务实际；缺乏耐性和恒心，不喜欢粗犷的人或者粗重的工作，在团体活动中常因不着实际的看法和行动而影响整个团体的工作效率。建议避免从事接触实际的工作。

10~13分：你是个比较理智和现实的人，生活中的绝大多数问题能理智、客观地对待，但也难免偶尔冲动和感情用事，要学会驾驭自己的情感。

0~9分：你是一个非常理智、注重实际的人，多以客观、坚强、独立的态度处理问题，但有时可能会表现得过分骄傲与无情，柔韧性不足。

## 心理贴士

值得注意的是，在我们的社会生活当中，很多人由于各种原因，容易感情用事，为自己和他人带来很多麻烦。感情用事的人应适当控制个人情绪，但是，无论是哪种类型的人，都有自己的优点和不足，重要的是找到真正适合自己的职业，发挥自己的优点，这样能更容易获得成功。

## 测试你的社会适应能力

### 情景测试

日新月异的现代都市，社会适应能力早已成为一个人取得事业成功的必备素质。那么你的适应能力如何呢？请在下列各题所列备选答案中选择最符合你的一项。

1.遇到难题时，你会：

A.毫不犹豫地向有关专家征求意见

B.经常向熟人请教

C.很少麻烦别人

2.当你选择衣服时，你会：

A.总是固定在一种款式上

B.跟随新潮流，希望适合自己

C.在选定以前，先听取陪同的朋友或售货员的意见

3.假如你的朋友突然带来一个你最不喜欢的人到你家里，你会：

A.表示惊奇

B.把你的感觉完全隐藏着

C.暂时忍耐，以后再把实情告诉你朋友

4.你骑车去一个较远的地方参加社交活动，中途找不到路标，你会：

A.赶快查自带的地图

B.大声埋怨，不知何时才能到达目的地

C.耐心等待过路车或有人走过时，问个清楚

5.对自己的某次失败，你会：

A.只要别人有兴趣随时都会告诉他

B.只在谈话时顺便说出来

C.决不说，怕会被别人抓住弱点，对自己不利

6.当你知道将要有不愉快的事时，你会：

A.自己进入紧张状态

B.相信事实并不会如预料的厉害

C.感觉完全有办法应付

7.每次参加正式的考试或竞争，你会：

A.常常比平时的成绩更好些

B.常常不如平时的成绩

C.和平时的成绩差不多

8.和别人争吵起来时，你会：

A.能有力地反驳对方

B.常常语无伦次，最后才想起如何反驳对方，可是已经晚了

C.能反驳，但无多大力量

9.在嘈杂、混乱的环境里，你会：

A.总觉很烦，不能静下心来读书

B.仍能集中精力学习，但效率降低了

C.不受影响，照常学习

10.必须在大庭广众面前讲话时，你会：

A.因怯场，便不知所措或说话结结巴巴

B.感觉虽然难，但还是想方设法完成

C.侃侃而谈

11.碰到阻力或困难时，你会：

A.经常改变既定的主意

B.不改变既定的主意

C.越有干劲

12.受到别人的批评，你会：

A.想找机会反过来批评他

B.想查明受批评的原因

C.想直接听一下批评的理由

13.当情况紧迫时，你会：

A.仍能注意到该注意的细节

B.就粗心大意，丢三落四

C.就慌慌张张

14.参加各种比赛时，赛场越激烈，群众越加油：

A.你的成绩越好

B.你的成绩越上不去

C.你的成绩不受影响

15.对团体或社会性的集会，你会：

A.总是想领导讨论

B.只有在知道讨论的题目时才参加

C.讨厌在集会上说话，所以不参加

16.你符合下面哪一种情况：

A.不安于现状，总想改变点什么

B.凡事只求“规范”，不办破格的事

C.礼貌要讲，但事也要办

17.你同意下列哪一种观点：

A.为了深入地了解自己的国家，学习外国的东西是件好事

B.外国的事与我们没有任何关系

C.学习外国的东西比学习本国的东西更有兴趣

18.假如自己被登报时，你会：

A.有点自豪，但不以为然

B.很高兴，想让朋友也看看

C.完全不感兴趣

19.为了给人留下好印象，你会：

A.想方设法，并花一定时间考虑计划

B.不特意去做，但有机会就利用

C.根本不想在别人面前做这种事

20.你赞成下面哪一种说法：

A.只要是正确的，就坚持，不怕打击，敢于孤立

B.在矛盾方面让一让，就过去了

C.尽量求和平，把批评和斗争降到不得已的程度

### 计分方法

选A得3分，选B得2分，选C得1分，分数相加得最后总分。

### 完全解析

40～60分：你的适应能力很不错。

20～40分：你的适应能力尚可。

20分以下：你的适应能力还需要大力加强。

### 心理贴士

托尔斯泰说：“世界上有两种人，一种是观望者，一种是行动者。大多数人都想改变这个世界，但没有想改变自己。”这句话也告诫我们，当我们无法改变世界的时候，就要学会改变自己。改变世界，从改变自己开始。

## 情商的激励

### 情景测试

假设你是一个高中生，在某门课程上一向很优秀，但是在期中考试时却只得了及格。这时候，你该怎么办呢？

A.制订一个详细的学习计划，并决心按计划进行

B.决心以后好好学

C.告诉自己在这门课上考不好没什么大不了的，把精力集中在其他可能考得好的课程上

D.拜访任课教授，试图让他给你高一点儿的分数

## 完全解析

选择A：自我激励的一个标志是制订出一个克服障碍和挫折的计划，并且严格执行。你在这方面的情商值得认可。

选择B：“无志者常立志”，你似乎正是这样的人呢！为什么你总要把事情推到以后，而不从现在做起呢？

选择C：和选A者相似，你的情商值得认可。消除压力的一种很好的办法就是转移注意力。

选择D：这种急功近利的做法会让人不齿哦！就算你这次如愿，下次怎么办呢？不是靠投机都能够成功的。

### 心理贴士

自我激励是情商的一种，可以有效进行自我激励的人通常会进步得更快。自我激励主要包含两种意思，一是通过自我鞭策，来保持自己对学习和工作的激情，创造前进的动力；二是通过自我约束克制冲动以及延迟对自己需求的满足，这也是一个人成就未来的重要保证。

# 人际关系中的情商衡量

## 情景测试

一个人情商的高低会直接影响他人际关系的好坏，而人际关系的好坏又和一个人的事业能否成功密切相关，可见情商在人际关系中十分重要。你的人际关系怎样？做一做下面的测试，便可知晓。

在公司的周年庆典上，你的秘书在斟茶倒水时不小心把一个庆典花瓶打

碎了，这个庆典花瓶是老总从古玩市场上特意挑选的，价值不菲。这时你的第一应急措施是对秘书说：

A.不要紧，我替你想办法

B.又不是咱们的，坏了就坏了，管它呢

C.老总人很好，道个歉就行了

D.这只花瓶值好几万，真糟糕

**完全解析**

选择A：你做事勇于主动承担责任，处理问题会三思而行，在人际圈子里因此而受人倚重。

选择B：你为人清高，不愿受他人指使。虽然你可能有能力，但不太适合团队合作。

选择C：你做事情喜欢靠直觉，工作中容易受到情绪干扰。

选择D：你做事情的方式有些急躁，在人际关系上的处理也不够圆滑。

**心理贴士**

高情商的人，善于观察他人的情绪反应，并会据此调整自己的行为和举动。只有彼此之间理解和体谅，在工作中才能同心协力，也有利于赢得他人的信任。

## 心理学知识：情感智力

什么是情感智力？情感智力又称为情绪智力或情感智慧。人类智慧行为的心理结构十分复杂，有多种因素参与，大致可以分为两大系统：①认知性心理功能系统，即智力因素，包括感知觉、记忆、思维、想象等。②非认知性心理功能系统，即非智力因素，包括动机、兴趣、情感、意志、性格等，它们不直接参与对客观事物的认识及处理各种内外信息等具体操作，而是对活动的起始、维持、强化、走向、引导和调节起到一定的作用。

自我意识是一个人对自己的认识、评价和期望，这是情感智力的基础。

每个人都想在学业、事业上有所成就，但是没有热情、干劲、动力及昂扬的斗志是不可能达到上述目的的。只有情感智力的自我激励和受到他人的激励，产生了积极效应，才能促发内在的动力，朝着既定目标不断努力，从而达到预期目的。一个人的情绪受到内外因素的影响而有波动，有些人得意时忘乎所以，悲伤时垂头丧气。情感智力能控制自己的情绪并保持情绪的平衡，同时还驱使自己去揣摩别人的情绪；要保持一种积极、乐观、自信的心境，避免和消除不良的情绪，使自己不受愤怒、抑郁的影响。从而激发别人的好感，这对于为人处世是相当重要的。人的一生有所发展、成功与他人的交往和社会关系密切相关。相反，人的悲伤、烦恼、失败也是与人际交往有关。积极健康的人际交往是我们成功的基础。情感智力的驱使和控制作用尤其重要。对失败的承受能力也是情绪智力的重要部分。学业上、事业上有成就的人可能是一帆风顺，但多数是经历了重重挫折，跌倒了爬起来，从失败中吸取教训，因为挫折可以使人消沉，也可能激发其潜力从头开始，最后取得成功、胜利。

## 心理学知识：道德

道德是一种社会意识形态，是人们共同生活及其行为的准则与规范。一般来说，道德往往代表着社会的正面价值取向，起判断行为正当与否的作用。道德一词，在汉语中可追溯到先秦思想家老子所著《道德经》一书。老子说："道生之，德畜之，物形之，势成之。是以万物莫不尊道而贵德。道之尊，德之贵，夫莫之命而常自然。"其中"道"指自然运行与人世共通的真理；而"德"是指人世的德性、品行、王道。"犯上者，鲜矣；不好犯上，而好作乱者，未之有也。君子务本，本立而道生。"钱穆先生的注解是："本者，仁也。道者，即人道，其本在心。"可见，"道"是人关于世界的看法，应属于世界观的范畴。在当时，道与德是两个概念，并无"道德"一词。"道德"二字连用，始于荀子《劝学》篇："故学至乎礼而止矣，夫是之谓道德之极。"在西方古代文化中，"道德”（Morality）一词起源于拉丁语的“Mores”，意为风俗和习惯。道德由一定的社会经济基础所决定，并为一定的社会经济基础服务。人类的道德观念是受到后天一定的生产关系和社会舆论的影响而逐渐形成的。不同的时代，不同的阶级往往具有不同的道德观念。不同的文化中，所重视的道德元素及其优先性、所持的道德标准也常常有所差异。

## 心理学知识：理智

理智亦作“理知”，指的是清醒、冷静、合乎实际的思维是一个人用以认识、理解、思考和决断的能力，或辨别是非、利害关系以及控制自己行为的能力。在古希腊哲学家阿那克萨戈拉哲学中，理智又被译为努斯，努斯是永恒的无限的无形的独立自为的知晓一切并支配一切。巴金的《家》中说道：“你的理智可以征服感情，我的理智则常被感情征服。”在这里面，就提到了理智与情感的关系。通常情况下我们会认为理智与情感是一个矛盾的对立面，在对于一件事物的态度上，我们常常会在理智和情感中挣扎。杨沫《青春之歌》第二部第三十三章：“但是我希望你明智的心中，还能保存一点冷静的明辨是非的理智。”这里面讲到的理智就明显是褒义了，其含义也与我们之前的解释相符。理智其实可以看作是一个明辨是非的能力。不同的人分辨是非的能力不同，其理智的程度也是大相径庭的。茅盾《虹》：“即或触景感物，不免会在心深处偶尔漾起旧憾的微波，也立刻被她的冷酷的理知压下去了。”这里面把理智与冷酷和无情结合在一起，而这只是文学作品上的一种特定表达，理智这个词语本身是没有这些含义的。

# 你的大脑是怎样工作的

我们都知道大脑是全身最重要的控制系统，可以控制我们的一言一行、一举一动，指挥我们在什么时间采取什么样的行动。但一般情况下，我们对大脑的了解非常有限，所以一提到大脑，往往带给我们一种无法探知的神秘感。

## 内心深处的男女

### 情景测试

这道心理测试题可以测出你的大脑是偏阳性还是偏阴性，借此了解你内心深处是男是女。这道心理测试题较长，在测试的过程中，请先拿笔记下你的选项，而后统计ABC的数量各是多少，最后再算出分数。

1.看地图或街上的指示牌时，你会：

A.感到很困难，需找人协助

B.把地图转过来，对准你要走的方向

C.没有任何困难

2.你正在着手准备一道做法复杂的菜，一旁播放着收音机，同时朋友给你来电，你会：

A.三件事同时进行

B.关掉收音机，一边讲电话一边做菜

C.接起电话，告诉朋友做好菜后会马上回电话

3.朋友要来你的新家参观，问你该怎么走，你会：

A.给他们画一张标示清楚的地图，或请别人替你说明

B.问她们这周边有没有熟悉的地标，然后告诉他们该怎么走

C.仅在口头上告诉他们该怎么走

4.解释自己的想法或概念时，你很可能会怎么做：

A.纸笔和肢体语言一道用上

B.口头说明加上肢体语言

C.仅口头上解释

5.看完一场很棒的电影后，你喜欢：

A.不断回想电影里的精彩画面

B.重述画面及角色的台词

C.主要引述电影里的对话

6.在电影院里你最喜欢坐在：

A.电影院的右边

B.不在意位置

C.电影院的左边

7.朋友的机器出了点问题，你会：

A.深表同情，并与对方讨论其感觉

B.推荐一个值得信任的人去修理

C.弄清楚它的构造，自己为他们修理

8.置身不熟悉的地方时，若有人问你北方是哪个方向，你会：

A.坦言自己不知道

B.思考一阵，推测大概方向

C.毫无困难地为对方指出

9.你找到一个停车位，可是空间很小，必须倒车才能停进去，你会：

A.重找车位

B.试图小心地停进去

C.很顺利地停进去

10.看电视时，你的电话响了，你会：

A.接起电话，电视开着

B.关小音量后接电话

C.关掉电视，叫周围的人安静后才接电话

11.听到喜欢的歌手的新歌，通常你会:

A.听完后，你可以毫无困难地跟着唱

B.如果节奏简单，听过之后你能跟着哼一小段

C.很难记住新的旋律，但能回想起部分歌词

12.对某件事情的结局有着强烈的预感，多数是借着：

A.直觉

B.基于事实的大胆假设

C.真实统计数据

13.忘了钥匙放在哪里的时候，你会:

A.先做别的事，等待自然想起

B.先做别的事，但一直试着回想自己究竟把钥匙放在哪里

C.回想之前做了哪些事，借此想起放在何处

14.在饭店进餐时，突然远处传来警报声，你会：

A.辨出声音来源

B.若当时的你够专心，可指出声音来源

C.没办法得知声音来源

15. 在参加社交宴会时，如果有人同时给你介绍七八位新朋友，隔天你会：

A.没什么困难便可想起他们的长相

B.只能记得其中几个的长相

C.比较可能记起他们的名字

16.你希望到乡间度假时，你的爱人却希望到海边去，你要怎么说服他呢？

A.和颜悦色地告知对方你的感觉：你喜欢乡间悠闲的氛围，认为小孩和家人在乡间过得很快乐

B.告诉他，如果这一次可以去乡间的话，你将会很开心，下次你也很乐意陪他去海边

C.陈述事实：乡间渡假区较近，价格也较为合适，休闲设施规划得当

17.在规划日常生活时，你常常会：

A.列一张清单，让自己对该做的事情一目了然

B.脑子里盘算自己应做哪些事

C.在心里想着自己会见到的人，会去的地方，以及你可能要处理的事情

18.一个朋友遇到困难，前来找你商量，你会：

A.深表同情，表示自己可以理解

B.安慰对方事情并没有他想的严重，并加以解决

C.给他建议，或是合理的忠告，告诉他解决的方法

19.已婚的朋友有了外遇，你会如何发现：

A.你很快便能察觉

B.过了些时日才有所察觉

C.根本不会察觉

20.你的生活态度是什么样的？

A.认识很多朋友，和周围的人相处和谐

B.对待他人十分友好，但注意保护个人隐私

C.达成某个重要的目标，以此赢得旁人的尊敬，获得名望，得以晋升

21.如果可以选择，你喜欢什么样的工作：

A.和易相处的人一起工作

B.与人合作，但也留有独立的空间

C.独自工作

22.你喜欢读的书是：

A.小说或是其他文学作品

B.报章杂志

C.非文学类，传记

23.购物时你倾向：

A.冲动购物型，尤其是特殊物品

B.心里装有粗略的计划，但心血来潮时也会购买额外的物件

C.货比三家之后购买

24.睡觉起床吃饭，你更喜欢如何进行：

A.随心所欲

B.有一定的计划，但弹性很大，比较随性

C.每天几乎有固定的时间

25.来到新的工作环境，认识许多新同事，其中一个给你来电，你会：

A.轻松认出是谁的声音

B.交谈一阵后，才能知道对方是谁

C.无法从声音辨认对方身份

26.和别人争论时，什么事会令你很生气：

A.沉默，没有任何反应

B.对方不能理解你的观点

C.打破砂锅问到底，或是提出质疑和评论

27.对学校的拼字测验以及作文课，你有什么看法？

A.两项都让你觉得很轻松

B.有一项很拿手，另一项就不太行

C.两项都不好

28.碰到固定的舞步或是爵士舞时，你会:

A.听到音乐的同时便能回想起学过的舞步

B.只能记起一点点，大多舞步已经想不起来了

C.抓不准时间和旋律

29.你擅长分辨动物声音，并且加以模仿吗？

A.不太擅长

B.还可以

C.很棒

30.在结束一天的工作和学习之后，你喜欢：

A.和朋友或家人分享你这一天的经历

B.听别人说说他的这一天

C.看报纸电视消遣，不会聊天

## 计分方法

选择A：+15分

选择B：+ 5分

选择C：– 5分

## 完全解析

1.多数男性的总得分会介于 0 ~ 180 分之间，多数女性的总得分会介于150 ~ 300 分之间。

2.若是大脑偏男性化，分数会低于150分。分数越接近0分说明越男性化，睾丸素的分泌也越多……这类人有着很强的逻辑观念，分析能力强，说话富有技巧也很有组织，自律性高，易受情绪影响。若女性得到很低的分数，那她们是同性恋的概率也越高。

3.分数高过180分，女性化特征明显。分数越高，大脑就越女性化。这类人创意十足，于音乐艺术方面有着很高的天分。他们会凭直觉做决定，并擅长从少量的信息推测问题关键。若男性得分高过180分，那他很可能有男同性恋的倾向。

4.得分低于0分的男性与高于300分的女性，两者的大脑构造完全不一样，他们唯一的共同点便是同样住在地球上。

5.分数处于150分到180分之间的人，其思考方式同时拥有两性的特质，他对男女都没有偏见，在遇到问题时反应比较灵活，能找出最佳的解决方法。无论男性或女性，他都可以与对方成为好朋友……

心理贴士

如今，“伪娘”现象十分普遍，引发不少热议。这一词语最初源于日本，指的是身为男儿，其心理和穿着却偏向女性化的人。有分析指出，男人缺乏阳刚之气的原因主要在于其成长经历和环境。若是母亲过分溺爱和保护，会使男孩难以在心理上成长为一个男人。

## 你是左脑比右脑更发达吗

### 情景测试

大脑主要分为左脑和右脑，左脑和右脑通过骈体相连同时运转和工作。他们各司其职，但主管不同的功能。以下是10种我们在平时生活中常常遇到的情境，请根据你平时的习惯做出选择，这会测试出你大脑的使用情况哦。

1.在一个陌生的城市逗留时，你和一群朋友去餐馆吃饭，却要独自回到住处：

A.你会完全迷失方向

B.你很自然地找到回去的路

C.你记得酒店在教堂右边的某处

2.你的一位朋友跟你提起几个月或几年前共同经历的一个事件，你还记得：

A.那天度过一个快乐的时光

B.他当时的穿着打扮

C.他对你说的话

3.剧场里你喜欢坐在：

A.右侧

B.左侧

C.正中央

4.赴约时，你会什么时候到达约会地点？

A.提前很长时间

B.提前几分钟

C.经常迟到

5.你在等一群朋友吃晚饭：

A.你能够听出他们的汽车发出的声音

B.他们在楼梯上的声音

C.他们敲门时你感到很惊讶

6.在财务方面：

A.你知道你自己的日常花销大概是多少

B.你大体知道自己该花和不该花多少钱

C.你总是透支

7.在幽默方面：

A.你喜欢喜剧演员和幽默的情景

B.你欣赏那些文字游戏

C.你是个狂人的观众，经常会讲好听的笑话

8.你有一次美好的相遇：

A.你完全相信自己的直觉

B.你不相信第一印象

C.你不做主观判断

9.在音乐方面：

A.根据节拍你就可以找到熟悉的曲调

B.你的耳朵很好，但是你不喜欢视唱练耳

C.你并不爱好音乐

10.一位邻居在楼梯上跟你打招呼：

A.你不记得他是谁了

B.你觉得以前从未见过他

C.他是四楼的新房客

## 计分方法

| | | |
|---|---|---|
| （1）A—* | B—X | C—O |
| （2）A—O | B—X | C—* |
| （3）A—* | B—X | C—O |
| （4）A—* | B—O | C—X |
| （5）A—X | B—O | C—* |
| （6）A—* | B—O | C—X |

## 完全解析

*最多：你是左脑人。在分解和分析问题，以及对信息进行顺序处理和口头沟通方面你是不折不扣的专家。

X最多：你是右脑人。你对一切都很有兴趣，想象力丰富，创造性强，直觉敏锐，对于音乐有深刻的理解。

O最多：你在这项测试中没有表现出特别的倾向性，你可以合理利用两个脑半球的能力，使其互相补充。

### 心理贴士

根据研究表明，人的左脑主管抽象思维，与对事物细节的逻辑分析和象征性关系有关，具有分析语言和计算能力。右脑主管形象思维，与人的知觉以及空间判断相关，具有对音乐、整体图像的和几何空间的鉴别能力。

# 女人大脑的性别测试

## 情景测试

根据研究表明，平均每七个女人中就有一个女人的大脑是“男式”的，她们擅长分析和解决复杂的数学问题。刚出生一天的婴儿，大脑就已经具有了生理性别之外的独特“性别”。你的大脑性别是偏男性还是偏女性呢？下面的测试可以帮助你的大脑验明正身。

如果你是女士，请进行下列的测试：

1.拧干毛巾的时候，你习惯哪双手在前，哪双手在后？

A.左手在前，右手在后→2

B.右手在前，左手在后→3

2.是否右边的脚比左边略大一点？

A.是→5

B.否→4

3.你会因为一个别致的包装，买下一片根本不知道内容的DVD光盘吗？

A.是→4

B.否→5

4.上学的时候，你的数学成绩总是超过语文成绩？

A.是→6

B.否→7

5.读小说的时候，如果出现一个身穿白衣面容俊秀的男子，你认为他是什么角色？

A.男主角无疑→7

B.最多只是男二号或者三号→6

6.你觉得靠整容获得美貌的做法：

A.简直可笑→8

B.有钱的话也可以去试试→7

7.当你发现好友和自己的对头十分亲密的时候，你会认为：

A.她一定是背叛自己了→8

B.她是为了帮助自己才去和那人亲近→半男性型

C.偶然谈得来而已，跟自己没什么关系→男性型

8.你习惯的购物方式是：

A.看准目标，一买到位→偏男性型

B.货走三家，慢慢相看→女性型

C.碰上需要的就随便买了→男性型

## 完全解析

男性型：你的个性已经超脱了女强人的阳刚，有时候表现为大大咧咧不拘小节，也会被人认为有点没心没肺，你可能认为是性格使然，其实是你的大脑性别男性化的一部分占了主导地位。细节上可能并不会让人觉得阳刚，反而会觉得随意性太强。此外你在理化科目方面可能表现非凡，不过你倒也并不会异常刻苦学习。

偏男性型：你属于女强人式的性格，有些时候会表现出过分的争强好胜或者急功近利，事实上是因为你不想输给异性的强烈好胜心作祟。你很有潜力成为女权主义者或者老总级人物，只要恰到好处地运用你在分析和推理方面的长处，就会让周围人见识到你的才干。不过你头脑中仍然有女性性别部分，在随时强调着自己的性别——是女人！

半男性型：你有着女性的柔韧和男性的机敏，能够圆滑处世，保持自己的立身之道不被动摇，职场上也能做到八面玲珑。不过有时候决断力不够强，欠缺刚阳的力量，因此无法成为霸主类型的人物。你最适合担任中层人员或者外联工作，你的中性特质给了你特有的狡猾与聪敏，不过一旦无法看清前面的方向，你也更容易陷入混乱中。

女性型：也就是说，你的大脑性别是单纯的女性，你的大脑性别是百分之百的女性属性。你有时候会因为一时的冲动而购物或作出其他决定，但更多时候是面对选择犹豫不决。你具有女性柔韧和超级承受能力，但在作决定的时候往往左右为难，甚至会跟已经分手的男友仍然藕断丝连。不过你大脑性别也决定了你是个会以别人为生活依据的小女人。

心理贴士

女性大脑中，连接左右脑的胼体比男性大，这可能意味着女性两侧脑半球的神经纤维比男性多。可以推断出，女性左右脑半球连接比较紧密，因此较少专门化。男女在大脑结构上的不同，同时也造成了男女在智力上的差别。

## 男人大脑的性别测试

### 情景测试

同样，不是所有的男人都有一个典型的男性大脑。大概每五个男人中就有一个的大脑性别是偏女性的，这也是有些男人会喜欢芭蕾胜过喜欢足球的原因所在。

如果你是男士，请进入下列的测试：

1.剪指甲的时候，你一般哪只手先给哪只手剪？

A.左手给右手剪→2

B.右手给左手剪→3

2.喜欢用电动剃须刀胜过刀片？

A.是→4

B.否→3

3.仔细看看自己的衣柜，里面是哪种情形？

A.很多件色彩不同的T恤或者衬衫→5

B.只有一两个颜色的几件而已→4

4.如果没别人在家，你解决晚饭的方式是：

A.出去吃或者泡面、叫外卖→6

B.自己买点儿菜，下厨房→7

5.你的头发是：

A.最简单普通的样式，黑色→6

B.酷酷的发型，染色了，或者十分希望染色→8

6.电视中主人公身遭险境，你认为他会如何脱险？

A.自己突然奋起，绝境求生，打败敌人→男性型

B.被打得半死不活，可是又被人所救，挺了过来→半女性型

C.外援突然出现，或者是自然力量干扰了局面→8

7.你有不止一条名牌领带，而且大都是自己买的？

A.是→偏女性型

B.否→男性型

8.你对待紧身衣服的态度是：

A.不喜欢也不想穿→男性型

B.经常穿紧身T恤或者毛衣之类的→女性型

## 完全解析

女性型：你属于典型的“不爱武装爱红装”类型男生，你的大脑性别和生理性别走向了相反的方向，甚至有时候你会被人认为很女气。你喜欢用华丽的服饰和首饰来表现个性，并且相当坚持，只要你不觉得这些行为妨碍到别人生活，就会随心所欲地过日子。逛街和看时尚杂志都是你打发时间的方法，很多情况下，这个类型的人都有相当高的艺术天分，从事服装设计等职业可能会设计出一些令人惊艳的作品，但是，你也可能长期不婚。

偏女性型：你骨子很有些阴柔气质，说话彬彬有礼，注重仪表。对你来说，生活的档次是非常重要的一件事情。只要你下定决心做一件事情，差不多都会终有所成，所以这个类型的人大多数拥有颇高的学历和抱负。女性化的大脑性别对你来说无论在生活上还是事业上都颇有助力，这种气质在女生眼里看来是难得的温柔。

半女性型：你和半男性型的女生属于同一个类型，你的大脑性别以男性型别为主，夹杂以女性的柔和与韧性。你相当擅长处理人际关系，手腕圆

滑且懂得变通。和你共事是件相当愉快的事情，而身上有种欧洲骑士的优雅和风度，也让你在异性中大有人缘。其实你心中还存在一种依赖，当外界压力过大的时候，你就会变得像孩子一样寻求庇护和关怀。

男性型：你的大脑构造可能来自火星，和纯女性气质的女孩最为般配，也最容易出问题：你们的大脑根本来自不同的星球，不存在交流的可能。你虽然很man，但是你的过分男人味的纯粹性格也就注定了你可能会在社会生活中遇到许多气闷的地方。你的生活内容比较简单，同时不缺乏志同道合的朋友，当然，你身上独特的霸气也意味着很难被人控制。

心理贴士

英国心理学家研究表明，男人在看到美女时大脑功能会暂时降低，因为对男人而言，在看到异性时满足感在很大程度上受异性外表魅力的影响。而对女人而言，男人外表的魅力对她们的影响很小，甚至没有。

## 谢泼德桌面

### 情景测试

请仔细观察下面两张桌子，回答哪个桌面更宽？

A.左边的桌面更宽

B.右边的桌面更宽

C.左右两张桌子一样宽

**完全解析**

这两个桌面的大小、形状完全一样。如果你不信，量量桌面轮廓，看看是不是。

**心理贴士**

虽然是一个平面图，但却给看到这张图片的人一种心理暗示，即你看到的是一个三维物体。桌子边和桌腿提供给看图片人的感知，这种感知影响到了人们对桌子形状作出错误的三维图像判断。这个神奇的图形表明，人的大脑并不按照人所看到的进行解释。

## 黑白感知

**情景测试**

请问下图中A（灰色方格）和B（黑色方格），哪个方格里面的圆点颜色更深？

**完全解析**

A和B两个方格里面的圆点的颜色一样深。测试图案上，一个灰色方框被放在纯白的底色上，旁边则是一个完全相同的灰色方框，被放在纯黑的底色上。如果人眼感觉到的颜色深浅完全是取决于眼睛接收到的光量，那么这两个方块看起来就应该一模一样，没有任何区别。但事实上，你会觉得黑底上的方块颜色好像要浅一些。这就说明，大脑判断颜色深浅会与相邻的表面进行比较。

### 心理贴士

汉斯沃勒克，美国宾夕法尼亚州的斯沃斯莫尔学院的心理学家，他在1948年提出这样一个猜想：大脑通过比较眼睛从邻近表面接收的光来判断一个表面的灰度。以上的实验就证明了这个猜想的准确性。

## 大脑和睡眠的关系

### 情景测试

由于压力大，很多人患上了失眠症。如果你也遇上睡眠障碍，那么可以做一做下面这道失眠测试题。

对于以下问题，如果你在过去一个月内每星期至少发生三次，就请圈点相应的自我评价，查看总得分可知结果。

1.入睡时间（关灯后到睡着的时间）

A.正常

B.轻微延迟

C.显著延迟

D.延迟严重或没有睡觉

2.夜间苏醒

A.没有

B.轻微影响

C.显著影响

D.严重影响或没有睡觉

3.比期望的时间早醒

A.没有

B.轻微提早

C.显著提早

D.严重提早或没有睡觉

4.总睡眠时间

A.足够

B.轻微不足

C.显著不足

D.严重不足或没有睡觉

5.总睡眠质量

A.满意

B.轻微不满

C.显著不满

D.严重不满或没有睡觉

6.白天情绪

A.正常

B.微低落

C.显著低落

D.严重低落

7.白天身体功能（体力或精神：如记忆力、认知力和注意力等）

A.正常

B.轻微影响

C.显著影响

D.严重影响

8.白天想睡

A.没有

B.轻微想睡

C.显著想睡

D.严重想睡

**计分方法**

A计0分，B计0.5分，C计1分，D计1.5分。

**完全解析**

本测试总分范围为0～12分，得分越高，表示睡眠质量越差。

小于4分：无睡眠障碍（身体很健康哦）。

4～6分：可疑失眠（注意生活调节）。

7～12分：失眠（建议看病就医）。

**心理贴士**

如果测定出睡眠质量有问题，那就需要你足够的重视了。一般来说，从开始出现一些失眠症状开始，时间越长，治疗失眠的难度就会越大。心理治疗在治疗失眠中也起着至关重要的作用，专家认为，对于心因性失眠，药物只能起到辅助作用，只有心理治疗才能从根本上解决问题。

## 心理学知识：左脑与右脑

左脑是人类大脑的左部，另一部分称为右脑。左脑具有语言功能，擅长逻辑推理，储存人出生以后所获取的信息。左脑主要控制着知识、判断、思考等，和显意识有密切的关系。

右脑的五感包藏在右脑底部，可称为“本能的五感”，控制着自律神经与宇宙波动共振等，和潜意识有关。右脑是将收到的信息以图像处理，瞬间即可处理完毕，因此能够把大量的资讯一并处理（心算、速读等即为右脑处理资讯的表现方式）。一般人右脑的五感都受到左脑理性的控制与压抑，因此很难发挥即有的潜在本能。然而懂得活用右脑的人，听音就可以辨色，或者浮现图像、闻到味道等。心理学家称这种情形为“共感”，这就是右脑的潜能。

日本理化学研究所的研究小组通过对热带鱼的实验，弄清了为什么脑的左右结构会出现差异。两种神经细胞诞生的时机不同，导致左右出现差异，形成了左右非对称的结构。

人很可能有同样的脑神经细胞形成机制。据说这个研究成果可成为弄清脑机能进化过程的线索。动物的左右脑结构不同，人的左右脑的内部结构也不同。有些理论认为左脑控制“语言、逻辑”，右脑控制“感情、空间认识”，左右脑结构的不同导致机能存在差异。

研究小组观察了热带鱼脑的“缰核”部分的发育过程。左右脑中都有“缰核”，但结构不同。据详细调查，两侧形成“缰核”的神经细胞的生成时期是不同的，由此导致了“缰核”结构出现差别。

## 心理学知识：睡眠

睡眠是高等脊椎动物周期性出现的一种自发的和可逆的静息状态，表现为机体对外界刺激的反应性降低和意识的暂时中断。人的一生大约有1/3 的时间是在睡眠中度过的，当人们处于睡眠状态时，可以使大脑和身体得到休息、休整和恢复，有助于人们日常的工作和学习。科学提高睡眠质量，是人们正常工作学习生活的保障。

睡眠的确切定义随着时代的变迁而有着不同的内涵。睡眠就像健康银行，可以常存取，却不能透支。现在人们的平均入睡时间相比30 年前，已经延后了1 小时左右。世界卫生组织调查显示，全球约有29% 的人存在各种睡眠问题，中国居民睡眠障碍的患病率高达42.7%，好睡眠俨然成为现代都市生活的“奢侈品”。那么如何提高睡眠质量呢？中国空气负离子暨臭氧研究学会专家陈少周介绍，存在于大自然空气中的负离子对自主神经高级中枢及植物神经系统具有良好的调节作用，从而改善大脑皮层功能，促进睡眠。最初法国学者认为：睡眠是由于身体内部的需要，使感觉活动和运动性活动暂时停止，给予适当刺激就能使其立即觉醒的状态。后来人们认识了脑电活动，认为：睡眠是由于脑的功能活动而引起的动物生理性活动低下，给予适当刺激可使之达到完全清醒的状态。

## 心理学知识：格式塔心理学

格式塔心理学是西方现代心理学的主要流派之一，根据其原意也称为完形心理学。完形即整体的意思，格式塔是德文“整体”的译音。“格式塔”一词具有两种含义。一种含义是指形状或形式，亦即物体的性质，例如，用“有角的”或“对称的”这样一些术语来表示物体的一般性质，以示三角形（在几何图形中）或时间序列（在曲调中）的一些特性。在这个意义上说，格式塔意即“形式”。另一种涵义是指一个具体的实体和它具有一种特殊形状或形式的特征。

格式塔心理学这一流派不像机能主义或行为主义那样明确地表示出它的性质。综合上述两种含义，它似乎意指物体及其形式和特征，但是，它不能译为“structure”（结构或构造）。考夫卡曾指出：“这个名词不得译为英文structure，因为构造主义和机能主义争论的结果，structure在英美心理学界已得到了很明确而很不同的含义了。”因此，考夫卡采用了E.B.铁钦纳（E.B.Titchener）对structure的译文“configuration”，中文译为“完形”。所以，在我国，格式塔心理学又译为完形心理学。格式塔这个术语起始于视觉领域的研究，但它又不限于视觉领域，甚至不限于整个感觉领域，其应用范围远远超过感觉经验的限度。苛勒认为，形状意义上的“格式塔”已不再是格式塔心理学家们的注意中心；根据这个概念的功能定义，它可以包括学习、情绪、思维、回忆、志向、运动等等过程。广义说来，格式塔心理学家们用格式塔这个术语来研究心理学的整个领域。

# 为什么你会这样想问题

有一句话说得好，“一千个读者就有一千个哈姆雷特”。这句话说的就是思维方式的多样性，同样的事情，不同的人会产生不同的观点和看法。在某种程度上讲，世上没有绝对的事物，所以我们看待事物要学会多角度。

## 一个简单的思维方式测试

### 情景测试

让我们来做一道非常有意思的小题目：有一个人花8元钱买了一只鸡，9元卖掉了；第二天花10元钱买了回来，又11元卖掉了。问：这个人赚了还是赔了？多少？

### 完全解析

这道题没有固定答案。以下是这道题的解析。

有的人毫不犹豫的说赚了2元钱。理由是，第一笔买卖赚了1元，第二笔买卖赚了1元，总共赚了2元。

有人说赔了1元，理由是：如果8元买来，等到11元再卖出，可以赚3元，而现在只赚了2元，所以赔了1元。

有人说赔了2元，理由是：看整个过程，8元买来，如果等到11元再卖出，就可以赚3元，而现在赚了1元，所以赔了2元。

还有人说赔了4元。理由是：如果从一开始就8元买两只鸡，然后11元的时候全部卖出去，就可以盈利6元，现在只盈利了2元，所以赔了4元。

心理贴士

答案是千姿百态的，每个人都有自己的看法和见解，正说明了不同类的人拥有完全不同的思维方式，按照自己的思维方式来思考问题会出现不同的看法。当他们去做同一道题时，自然会得出完全不同的答案。

## 思维模式测试

### 情景测试

同一个问题，不同人的解决方法不一样，那是因为每个人思考问题的角度不一样。有时一些看似难以解决的事情，若是能够跳出常规思维，换一种方式来思考，就会迎刃而解。

当你在餐厅吃饭的时候，听到柜台的服务生很惊慌地交头接耳，说有一颗炸弹被放在餐厅中，你认为歹徒会把炸弹放在什么地方？

A.厕所

B.餐厅门口

C.客人座位

D.厨房

### 完全解析

选择A：因为考虑到太多细节，你思考问题的速度很慢，当大家都已经进入到下一个话题了，你才冒出一句没头没脑的话。可是你所说的话很有道理，让所有人不得不重视和接纳。你有锲而不舍的精神，会坚持到最后一秒钟，就算不被人理解，也还是会静心等待，一有机会就表达自己的看法。

选择B：你不会有什么稀奇古怪的想法，因为总觉得别人都比你厉害，所以会先听人家怎么说，你才开口。这种谦逊的态度，会让你成为每个人的好朋友，无论做什么都不会忘了你，因为你的配合度高，人也随和，只不过久而久之，你会失去自己的个性，忽略内心的声音。

选择C：你做事的方式循规蹈矩。一旦有一点点超离常规，你就会感到紧张，深怕会有人来揪出你的罪行。在你心中有一把道德的尺，衡量自己，也不时打量一下别人。渐渐地，你的生活就变得很规律，这不知道算不算是另一种“怪”呢？

选择D：你出的馊主意常让大家听了大跌眼镜。你的想法挺诡异的，所以就算有人欣赏你的点子，也不太敢附议。你认为每一个人都有言论自由，所以再诡异的想法也会说出来。你的点子其实都很新颖，若是用在别的地方也许会更恰当，所以请不要放弃，不要有挫败的感觉，总会有派上用场的一天。

### 心理贴士

思维方式是我们大脑活动的内在程式，它对我们的言行举止起着决定性作用。思维方式表面上具有非物质性和物质性，这种非物质性和物质性相互影响，就能构成思维方式演进发展的矛盾运动。

## 逻辑思维能力测试

### 情景测试

请根据题目要求，在15分钟之内完成对以下5个人各自的职业的判断。在通过自己的思考得出答案之前，请不要看下面的逻辑推理过程，更不要跳过题目去看本题的解题答案。看看自己能不能得出正确答案。这种思维游戏对提升你的逻辑思维能力是很有益处的哦！

一夫、二郎、三吉、四祥和五平5个人，是青梅竹马的好朋友。如今长大成人后，他们有人当上了面包店老板，有人当上理发师，有人成了肉店老板，还有人是烟酒经销商，剩下一个是公司职员。（上面的名字和职业是任意安排的，所以不能跟名字互相对照）

提示：

（1）面包店老板不是三吉，也不是四祥；

（2）烟酒经销商不是四祥，也不是一夫；

（3）此外，三吉和五平住在同一栋公寓，隔壁是公司职员的家；

（4）三吉娶理发师的女儿时，二郎是他们的媒人；

（5）一夫和三吉有空时，就和肉店老板、面包店老板打牌；

（6）而且，每隔10天，四祥和五平一定要到理发店修个脸；

（7）但是，公司职员则一向自己刮胡子，从来不到理发店去。

## 完全解析

一夫是理发师，二郎是公司职员，三吉是烟酒经销商，四祥是肉店老板，五平是面包店老板。

解题思路：

**推理过程一：**

一夫不是烟酒经销商、肉店老板和面包店老板。

二郎不是理发师。

三吉不是面包店老板、公司职员、理发师和肉店老板。

四祥不是面包店老板、烟酒经销商和理发师。

五平不是公司职员、理发师。

**推理过程二：**

三吉是烟酒经销商。四祥会去理发店，因此他不是公司职员，所以四祥是肉店老板。二郎、三吉、四祥和五平不是理发师，所以一夫是理发师。五平不是公司职员、理发师、烟酒经销商和肉店老板，所以他是面包店老板。二郎是公司职员。

## 心理贴士

逻辑思维是指我们在认识某种事物的过程中，借助概念、判断、推理来反映事物的一种过程。在逻辑思维中，要用到概念、判断等思维形式与比较、分析、概括、抽象等思维方法。一个人掌握这种思维形式和思维方法的程度，就称为逻辑思维能力。

## 德国逻辑思考学院测试题

### 情景测试

这又是一道逻辑测试题，俗话说得好，脑袋越用越灵活，再来测一测吧。

规则：请于30分钟内作答完毕。

题目：

1.有五间房子排成一列

2.所有房屋外表颜色都不一样

3.所有屋主都来自不同国家

4.所有屋主都养不同宠物

5.所有屋主喝不同的饮料，抽不同的烟

提示：

（1）英国人住在红色房屋里。

（2）瑞典人养一只狗。

（3）丹麦人喝茶。

（4）绿色的房屋在白色房屋的左边。

（5）绿色房屋的屋主喝咖啡。

（6）抽Pall Mall香烟的屋主养鸟。

（7）黄色屋主抽Dunhill。

（8）位于最中间的屋主喝牛奶。

（9）挪威人住在第一间房屋里。

（10）抽Blend的人住在养猫人家的隔壁。

（11）养马的屋主隔壁住抽Dunhill的人家。

（12）抽Bine Masier的屋主喝啤酒。

（13）德国人抽Prince。

（14）挪威人住在蓝色屋子隔壁。

（15）只喝开水的人家住在抽Blend的隔壁。

问题：请问谁养鱼？

## 完全解析

| 黄色 | 蓝色 | 红色 | 绿色 | 白色 |
|---|---|---|---|---|
| 开水 | 茶 | 牛奶 | 咖啡 | 啤酒 |
| 猫 | 马 | 鸟 | 鱼 | 狗 |
| Dunhill | Blend | Pall Mall | Prince | Bine Masier |

### 心理贴士

逻辑思维是一种确定的，前后是一贯的，有条理、有根据的思维。逻辑思维要遵循逻辑规律，这主要是形式逻辑的同一律、矛盾律、排中律、辩证逻辑的对立统一、质量互变、否定之否定等规律。违背这些规律，思维就会发生偷换概念、偷换论题、自相矛盾、形而上学等逻辑错误，认识就是混乱和错误的。

# 思维定式

## 情景测试

下面的几道小题是测试你有没有很强的思维定式的。想知道你思维能力到底如何吗？快来测试一下吧。

1.在荒无人迹的河边停着一只小船，这只小船只能容纳一个人。有两个人同时来到河边，两个人都乘这只船过了河。请问：他们是怎样过河的？

2.篮子里有4个苹果，由4个小孩平均分。分到最后，篮子里还有一个苹果。请问：他们是怎样分的？

3.一位公安局长在茶馆里与一位老头下棋。正下到难分难解之时，跑来了一位小孩，小孩着急地对公安局长说："你爸爸和我爸爸吵起来了。"老头问："这孩子是你的什么人？"公安局长答道："是我的儿子。"请问：这两个吵架的人与公安局长是什么关系？

4.已将一枚硬币任意抛掷了9次，掉下后都是正面朝上。现在你再试一次，假定不受任何外来因素的影响，那么硬币正面朝上的可能性是几分之几？

## 完全解析

1.很简单，两人是分别处在河的两岸，先是一个渡过河来，然后另一个渡过去。对于这道题，你大概"绞尽了脑汁"吧？的确，小船只能坐一人，如果他们是处在同一河岸，对面也没有人（荒无人迹），他们无论如何也不能都渡过去。当然，你可能也设想了许多方法，如一个人先过去，然后再用什么方法让小船空着回来，等等。但你为什么始终要想到这两人是在同一岸边呢？题目本身并没有这样的意思呀!看来，你还是从习惯出发，从而形成了"思维嵌塞"。

2.4个小孩一人一个。对于这一答案你可能不服气：不是说4个人平均分4个苹果吗？那篮子剩下的一个怎么解释呢？首先，题目中并没有"剩下"的字眼；其次，那3个小孩拿了应得的一份，最后一份当然是最后一个孩子的，这有什么奇怪呢？至于他把苹果留在篮子里或拿在手上并没有什么区别，反正都是他所分得的，不是吗？

3.公安局长是女的，吵架的一个是她的丈夫，即小孩的父亲；另一个是公安局长的父亲，小孩的外公。有人曾将这题对100人进行了测验，结果只有两人答对；后来对一个三口之家进行了测验，结果父母猜了半天拿不准，倒是他们的儿子（小学生）答对了。这是怎么回事呢？还是定式在作怪。人们习惯上总是把公安局长与男性联系在一起，更何况还有"茶馆""老头"等支持这种定式。所以，从经验出发就不容易解答。而那位小学生因为经历少，经验也少，就容易跳出定式的"魔圈"。

4.二分之一，这道题本来很简单。硬币只有两面，不要说任意抛10次，就是任意抛掷1000次，正面朝上的可能性也始终是二分之一，不会再多，也不会再少了。对这道题，如果没有上题的那种定式在作怪，一般马上就可以说出答案来。

### 心理贴士

思维定式指的是由从前的活动积累而形成的一种对活动特殊心理准备状态。在同等条件下，定式思维能使人快速使用已掌握的知识来解决问题。但是当环境发生变化时，思维定式就会对人采用新的方法造成妨碍。

## 抽象思维

### 情景测试

抽象思维用概念来代表现实事物，而不是像形象思维那样用感知的图画来代表现实的事物。准确地形成概念以及概念间的关系是抽象思维的最基本规则。

请如实回答下列问题，测一测你的抽象思维能力。

1.你说话富有条理吗？

A.是　　B.不能确定　　C.不

2.看完一篇文章，你是否能马上说出文章的主题？

A.通常能　　B.有时能　　C.不能

3.你写信时常常觉得不知如何表达吗？

A.不　　B.不能确定　　C.是

4.你是否能轻易地找到一些笑料使大家都笑起来？

A.常常能　　B.有时能　　C.不能

5.你对世界上很多事物及其活动规律看得比较透彻吗？

A.是　　B.不能确定　　C.不

6.你可以很轻松地弄清一篇文章的要点吗？

A.通常能　　B.有时能　　C.不能

7.当你告诉别人什么事情时，你常会有词不达意的感觉吗？

A.不　　B.不能确定　　C.是

8.当你发觉说错话时，是否窘得再也说不出话来？

A.不　　B.不能确定　　C.是

9.有人认为你说话常不着边际吗？

A.不　　B.不能确定　　C.是

10.你在电影和电视剧中发现过不合情理的情节吗？

A.多次发现　　B.偶尔发现　　C.没有

11.你在下棋、打扑克这些智力游戏中常取胜吗？

A.是　　B.不能确定　　C.不

12.你常不假思索地接受别人的意见吗？

A.不　　B.不能确定　　C.是

13.你善于分析问题吗？

A.是　　B.不能确定　　C.不

14.当你的同事或朋友有问题时是否会向你咨询？

A.是　　B.不能确定　　C.不

15.你觉得想问题是件很累的事吗？

A.是　　B.不能确定　　C.不

16.在朋友们面前发觉自己不小心做了不得体的事时，你是否能迅速给自己找一个台阶下（如开一句玩笑），以摆脱困境？

A.是　　B.不能确定　　C.不

17.你有时将问题倒过来考虑吗？

A.是　　B.不能确定　　C.不

18.你常与他人辩论吗？

A.是　　B.不能确定　　C.不

19.大多数情况下，你只要一看（小说或影视）故事的开头，就能正确猜到结局如何吗？

A.是　　B.不能确定　　C.不

20.你的提议常被别人忽视或否定吗？

A.不　　B.不能确定　　C.是

21.在别人与你寒喧而尚未切入正题之前，你常常已大致猜到对方的意图吗？

A.是　　B.不能确定　　C.不

22.你爱看侦探小说或影视片吗？

A.是　　B.不能确定　　C.不

### 计分方法

每题答A记2分，答B记1分，答C记0分。各题得分相加，统计总分。

### 完全解析

0 ~ 15分：你讲话、想问题缺乏逻辑，抽象思维能力较弱。

16 ~ 30分：你的抽象思维能力一般。

31分以上：你的抽象思维能力较强，你善于抓住问题的关键，说话也有条有理。

### 心理贴士

抽象思维是人们的大脑根据概念进行判断以及推理，使人对事物的认识由表及里、由感性认识上升到理性认识的思维方法。同时，抽象思维能力是智力的核心组成部分，在人的认识活动中经常占主导地位。

## 心理学知识：意识

意识在心理学中定义为人所特有的一种对客观现实的高级心理反映形式。意识是具体事物的组成部分，是具体事物的存在、运动和行为表现出来的普遍性规定和本质，是每个具体事物普遍具有的自主、自新、自律的主体性质和能力。

意识是思维主体对信息进行处理后的产物，没有思维主体及思维活动就不可能产生意识。思维主体是可对信息进行能动操作（如采集、存储、提取、传递、删除、对比、筛选、判别、排列、分类、整合、变相、转形、表达等等作业）的物质。思维主体既有自然进化而形成的动物（比如人类），也（会）有逐渐发展完善的人工智能产品。思维活动所产生的意识以信息的形式储存、表现和传递输出，意识传播的实质是信息传播。意识往往又会成为思维主体进行下一步思维的基础。意识的产生需要能量，意识的存在和传播需要介质（物质），总之，意识的存在是依附于物质的。意识所表达的含义与其物质载体本身的现象往往并不是一回事。撇去载体的因素，意识的内涵并不以占据空间的形式存在，而物质存在是占据空间的，这就是意识与物质的根本区别。

## 心理学知识：思维

思维分广义的和狭义的，广义的思维是人脑对客观现实概括的和间接的反映，它反映的是事物的本质和事物间规律性的联系，包括逻辑思维和形象思维。而狭义的通常的心理学意义上的思维，专指逻辑思维。

思维的概括性是建立事物之间联系的能力，把有相同性质的事物抽取出来，对其加以概括，并得出认识。如5只老虎，3只山羊，7只猴子，2只猫。这就是一个根据事物的共性使用数量来概括事物的例子。思维的间接性是通过其他表征来推断事物的能力，例如，警察在犯罪现场，通过罪犯在现场留下的痕迹，就可以在脑中推断出现场作案时的场景。医生在给患者看病时，通过病人描述症状以及通过一些化验就可以得知病人的病情以及感染的何种病毒。思维的这种能力，把本无直接关系的现象联系在一起，使得人们不必去直接接触某些信息。通过这些规律，便可以成功地揭露出这些事物的本质。

## 心理学知识：思维方式

思维方式是人们大脑活动的内在程式，它对人们的言行起决定性作用。思维方式表面上具非物质性和物质性。这种非物质性和物质性的交相影响，“无生有，有生无”，就能够构成思维方式演进发展的矛盾运动。

思维方式是看待事物的角度。不同国籍、文化背景的人看待事物的角度不同，便是思维方式的不同。东西方思维方式的差异主要体现在辩证思维与逻辑思维上：学者们常常用辩证思维来描述东方人，尤其是中国人的思维方式；用逻辑思维或者分析思维来描述西方人，尤其是欧美人的思维方式。在他们看来，中国人的辩证思维包含着三个原理：变化论、矛盾论及中和论。变化论认为世界永远处于变化之中，没有永恒的对与错；矛盾论则认为万事万物都是由对立面构成的矛盾统一体，没有矛盾就没有事物本身；中和论则体现在中庸之道上，认为任何事物都存在着适度的合理性。对中国人来说，经过数千年的历史积淀，“中庸之道”甚至已经内化成了自己的性格特征。与中国人的辩证思维不同，西方人的思维是一种逻辑思维，这种思维强调世界的同一性、非矛盾性和排中性。同一性认为事物的本质不会发生变化，一个事物永远是它自己；非矛盾性相信一个命题不可能同时对或错；排中性强调一个事物要么对，要么错，无中间性。西方人的思维方式也叫分析思维，他们在考虑问题的时候不像中国人那样追求折中与和谐，而是喜欢从一个整体中把事物分离出来，对事物的本质特性进行逻辑分析。

# Part 3

# 职场判断，踏上锦绣前程的成功之道

# 你的优势在哪里

俗话说“尺有所短，寸有所长”，每个人都有自己的优势和劣势，关键在于你怎样发挥。在职场中人才济济的局面下，想办法发挥出自己的特长，才能在激烈的竞争中胜出一筹。

## 从消费看判断力

### 情景测试

职场中很多时候需要你做出选择和判断，你的判断力到底如何呢？快来测试一下吧。

天气渐冷，你想去商场买一件过冬大衣，但冬装刚上市，价格很高。如果决定买大衣，你这个月的钱就不够花的了；这时候商场靴子正在打折搞促销，真的很合算。如果去买自己并不很急需的靴子的话，这个月的薪水又有所节余，你会怎么做？

A.自己添些钱把大衣买回来

B.买完靴子，再去买些其他的小东西

C.什么都不买先存起来

### 完全解析

选择A：你的总体决断力还算不错，虽然偶尔会三心二意、犹豫徘徊，可是在关键时刻总能迅速做出比较正确的判断，这足够让普通人汗颜的了！还有就是，你最大的优点是做了决定不再反悔。

选择B：你是做事没什么主见，希望别人安排好一切，你好按部就班、顺着别人的意思做事情。如果交待你一件事情要求独立完成，你会拿不定主意，很难迅速做出判断。

选择C：你是判断力超级强的人，但是有点莽撞，也因为你冲动率直的个性，反而考虑不够周详。你常常会后悔自己匆匆做决定，忽略了其他事情。

心理贴士

准确的判断力需要长时间经验的积累和锻炼才能获得，我们在做出判断的时候对事物考虑得越全面，最后做出判断的准确性就越高。判断力对任何人来说都是重要的。准确地判断，有利于我们掌握事物的发展趋势，并作出正确决策。当我们对自己的生活、工作、学习等各方面的事情都有了准确的判断后，我们就如同多了二郎神一样的慧眼，会透过一切扑朔迷离的迷雾，清晰地看到事物的本质，并因此而做到明察秋毫、运筹帷幄！

## 谈判力

### 情景测试

生活中处处需要谈判，在职场中显得尤为重要。和老板谈判，跟客户谈判，跟同事谈判等等，都需要你拥有充足的谈判智慧。你的谈判力如何？一测便知。

被一个减肥产品商家代表缠上了，他一直鼓吹你买他的减肥药，还说你太胖一定要用减肥药，你会怎么办呢？

A.很心动，心中思量如何侃价

B.十分尴尬，坚持不买

C.无可奈何听他说完，但就是不买

D.为求脱身，马上掏钱

### 完全解析

选择A：在谈判桌上，你会为自己和对方都留有余地，在合作上给予一个较大的弹性升降空间。不会拒人于千里之外，也会有原则地处事，审慎考虑利弊得失。

选择B：你是个有着绝对原则的人，只要你坚定了一个底线，就没有人能改变你的想法。你喜欢在谈判桌上扮演绝对主动的领导派。一旦对方跟你的看法不同，你会毫不留情面。

选择C：你是个好好先生，做事情没有原则，或者说你内心总是怕伤到对方，因此一直在压抑自己的真实想法。可是合作毕竟是合作，这样滥用好心，毫无原则，搞不好吃不了兜着走。

选择D：在谈判场合切记：冲动是魔鬼。因为你是个重感情、少理性还很冲动的人，在生活中是个消费狂人，在谈判桌上更是个脑筋不清不楚的家伙。你常常充大方不假思索就答应对方的要求，以至于没有退路，一下子就被人抢光筹码。

**心理贴士**

常见的谈判方式有强硬和温和两种，温和的方式主要是为了尽量避免冲突，但为了达成共识可能很快会做出让步。强硬的谈判方式，目的是要战胜对手，但往往会导致两败俱伤。而哈佛大学提出的“原则谈判方式”，既不温和也不强硬，这种方式强调把人和事分开，着眼于利益而非立场，让最终的谈判结果基于某些客观的标准。

## 沟通能力

**情景测试**

沟通能力是一个人在工作中必须掌握的一项基本能力，因为只有沟通顺畅，工作才能得以有序开展。在工作遇到问题的时候，才能通过沟通及时得到解决。

请将下面的形容词补充到句子结尾处。

1.今天下了一场________

倾盆大雨→2

阴雨绵绵→3

2.吃饭一般是______

狼吞虎咽→4

细嚼慢咽→5

3.走路走的________

急急忙忙→5

不慌不忙→6

4.说话_______

含糊不清→7

吱吱喳喳→8

5.站在喜欢的人身边心就_______

不知所措→7

噗通噗通→9

6.想起快乐的事就________

傻笑→8

微笑→9

7.在鬼屋里觉得________

全身颤抖→A类型

寒得发毛→B类型

8.和尚的头_______

光得发亮→B类型

滑溜好摸→C类型

9.压力沉重的______

让人焦虑→C类型

精神不振→D类型

## 完全解析

A类型：你的语言表达能力可谓非一般的优秀，是个天才型演讲高手。通常情况下，让你表达意思，你几乎不用思考，张口就来，对于你经历过或是令你感动的事情，你更加能够活灵活现地用语言表达出来，令大伙听得津津有味。

B类型：你谈吐幽默、擅长逻辑并有相当的语言组织能力，是思维型的谈话者。与其说你是天生好口才，倒不如说你是后天勤奋。你的特长是将话题内容加以整理，然后再用简洁有趣的语言说给大家听，同一话题反复讲述之后，你的口才技巧就变得更棒。你的好口才是在不断练习中得以形成的。

C类型：中国的对口相声一般来说一个是逗角，另一个捧角。你就是那个逗角身边的捧角。作为一个搭配高手，自己一个人说话时可能不太有趣，而一旦有个与你志趣相投的人在场，你就能发挥你的优势去抖包袱、插话、反问、评说，好像说相声一样，一搭一唱把气氛弄得很热闹。

D类型：能说会道在交际中固然十分重要，但更多的时候，学会倾听也是生存之道。在唇枪舌剑的战争中，你的王道就是当个温柔贴心的倾听者。你的温柔、体贴和耐心，使得别人与你相处时会觉得很轻松自在。面对这样的你，大家会解除心防，将心事说给你听，你自然就成为大家心目中让人信赖的好对象喽。

## 心理贴士

沟通能力在一定程度上可以看出一个人的综合能力，它包含着表达能力、争辩能力和倾听能力。沟通能力看似是一个人外在的表现力，实际上却是个人内在素质的重要体现，它与一个的知识、能力和品德有着密切的联系。

# 领导力

## 情景测试

领导力在某中程度上可以说是一个人的人格魅力，你的人格魅力如何呢？做一道测试题看看吧。

“你会不会突然出现，在街角的咖啡店？”街角的咖啡店里偶遇失去联络好久的旧情人，在一起除了喝喝咖啡，聊聊目前的生活之外，难免追忆一下似水年光。这时候，你最担心旧情人提起什么？

A.当初介入你们的第三者

B.两人刚认识时的甜蜜回忆

C.一次出国旅行的经验

D.分手时的感觉

## 完全解析

选择A：你具备领导才能，但是却没有领导的气度。想要让一群人对你心服口服，并不是单靠有才华就可以的，你还必须以德服众。也就是说，你需要懂得唯贤是举、善用智谋，如果只有勇气和冲劲那只是一股蛮力，想要成大事是远远不够的。

选择B：你领导力的作用范围仅仅适合三到五人的小团体。一旦小团体发展膨胀起来，人多事杂的时候，你的能力就会表现出掌控不了的一面来，甚至导致民怨沸腾。

选择C：在任何场合、环境下，你都是天生的领导者，你天生独具的领导天分与魅力是你号召力的源泉。虽然你从来不会刻意表现出自己的野心或企图心，但是大家自然就会拿你当领军人物看待。平时紧密团结在你周围，遇到问题大家也自然首先想到由你来解决。可能这就是王者风范的吸引力吧！

选择D：你在团体当中通常扮演一个脚踏实地办实事的角色。小富即安的生活对你来说是最好不过。你的生活实在过于平平淡淡，而你则甘心如此，知足常乐。这种闲云野鹤、随遇而安的个性，让你完全超脱世俗的名利之心。一旦你觉得厌倦了尘世，你就会像隐士那样归隐山林啦。

心理贴士

领导就是通过分配任务，让别人来完成既定的任务的人。领导者可以不擅长专业领域的工作，但是要能充分调动那些专业人士去完成工作。领导力可以说是用一种无形的力量把团队凝聚在一起，为完成一个目标而努力奋斗。

## 危机应对能力

### 情景测试

危机应对能力，就是在面对公共危机事件时，能够有效掌握工作相关信息，即是捕捉带有倾向性、潜在性的公共危机问题，制定可行性方案，科学处理和决策，从而把问题解决在萌芽状态或使公共危机给人们生命、财产造成的损失最小化的一种能力。

打开冰箱拿出纸包装牛奶，仰脖喝了一大口之后，才注意到上面标示的生产日期。不看不要紧，一看吓一跳！原来你喝的这盒牛奶，已过了保质期一天了！这时你会：

A.停止喝，并把牛奶扔掉

B.停止喝，并把喝下去的呕吐出来

C.不以为然，照喝不误

D.赶快去看医生

### 完全解析

选择A：自己不敢再喝，还想到防止他人误饮，赶快把问题牛奶丢掉的人，成熟度高，临时面对危险，也懂得如何主动照顾他人。

选择B：你对自己做自己的事情，不会想太多。你对危机的应变能力比较单纯，你的成熟度一般吧。

选择C：看似粗枝大叶，但其实可能是因为你冷静理性，已经有不少牛奶，可以长期保存：至少你知道这一点。

选择D：是一个相当神经质而且不堪忍受压力的人，一旦面对危险，形成压力，常有自我防御过当的情形。

### 心理贴士

危机应对能力是指一个人在面对突发的危机事件时，可以保持冷静和理性，并且有效掌握相关信息，制定科学合理的应对策略，来化解危机可能带来的危害，并尽可能把损失降到最低的一种综合能力。

## 你是否有拖延的毛病？

### 情景测试

“明日复明日，明日何其多？我生待明日，万事成蹉跎。”这首被广泛传唱的明日歌，生动地描写出了许多人做事“拖延”的生活状态，说明了总是拖延无法成就大事。你是一个喜欢“拖延”的人吗？一测便知。请按顺序回答下面的问题：

1.不到最后期限不交活。

2.上班时间总在网上瞎逛，快到下班才开始忙工作。

3.没工作计划，不懂时间管理。

4.总是“伪加班”，白天可做完的事，总是拖到下班后加班做。

5.总是认为时间还有，不急。

6.懒散，日复一日，总想着明天再做。

7.每当同事或上司询问工作进展时，经常说“让我再看看”。

8.办公室里零食一大堆，上班时间经常吃零食。

9.要做事时，脑子里能冒出各种理由，如现在先做别的事，这个稍后。

10.自我麻痹，如还来得及，不行就通宵赶工。

11.处理问题不分主次，忙了半天，最紧要的事没做。

12.经常因为时间过于紧迫，草草交差，结果被同事或老板责怪。

13.厚脸皮，别人怎么催，也定力十足，习以为常了。

14.从不主动汇报工作。

15.团队合作时，同事都面露难色，不愿和你合作。

**计分方法**

选“是”得1分，选“否”不得分。

**完全解析**

0～4分：轻度拖延，要当心了，快点儿找到原因，将拖延扼杀在萌芽中。

5～11分：中度拖延，拖延可能已经成为你的一种工作习惯，改变需要时间和耐力。

12～15分：重度拖延，建议重新审视自我，进行职业定位，找一份自己兴趣和能力特长所在的工作。

**心理贴士**

拖延可能是许多人的不良习惯之一，有的时候拖延的虽然的是各种鸡毛蒜皮的小事，但日积月累可能会影响到个人的发展。确立一个明确的目标，给它规定一个时间限制，对改变拖延的毛病往往相当有效。

## 你的创造力如何

**情景测试**

尤金·劳德塞是美国创造才能研究专家和心理学家，他根据多年来对善于思考、富有创造力的男女科学家、工程师等的个性和品质的研究，设计了下面这套专门用来测试成人创造力的试卷。答题时，在每一个题后诚实地用“A”表示同意，用“B”表示不清楚，用“C”表示不同意。然后，据题后附表经过统计，得到答案。

1.我不做盲目的事，也就是我总是有的放矢，用正确的步骤来解决每一个具体问题。

2.我认为，只提出问题而不想获得答案，无疑是浪费时间。

3.无论什么事情，要我发生兴趣，总比别人困难。

4.我认为，合乎逻辑的、循序渐进的方法是解决问题的最好方法。

5.有时，我在小组里发表的意见，似乎使一些人感到厌烦。

6.我花费大量时间来考虑别人是怎样看待我的。

7.做自认为是正确的事情，比力求博得别人的赞同要重要得多。

8.我不尊重那些做事似乎没有把握的人。

9.我需要的刺激和兴趣比别人多。

10.我知道如何在考验面前保持自己的内心镇静。

11.我能坚持很长一段时间解决难题。

12.有时我对事情过于热心。

13.在特别无事可做时，我倒常常想出好主意。

14.在解决问题时，我常常单凭直觉来判断正确或错误。

15.在解决问题时，我分析问题较快，而综合所收集的资料很慢。

16.有时我打破常规去做原来并未想到要做的事。

17.我有收集东西的癖好。

18.幻想促进了我很多重要计划的提出。

19.我喜欢客观而又有理性的人。

20.如果要我在本职工作之外的两种职业中选择，我宁愿当一个实际工作者，也不当探索者。

21.我能与自己的同事或同行们很好地相处。

22.我有较高的审美感。

23.在我的一生中，我一直在追求名利和地位。

24.我喜欢坚信自己的结论的人。

25.灵感与获得成功无关。

26.争论时，使我感到最高兴的是，原来与我观点不一致的人变成了我的朋友，即使牺牲我原先的观点也在所不惜。

27.我更大的兴趣在于提出新的建议，而不在于说服别人接受这些建议。

28.我乐意独自一人整天“深思熟虑”。

29.我往往避免做那种使我感到低下的工作。

30.在评价资料时，我觉得资料的来源比其内容更为重要。

31.我不满意那些不确定的和不可预言的事。

32.我喜欢一门心思苦干的人。

33.一个人的自尊比得到他人的敬慕更为重要。

34.我觉得那些力求完美的人是不明智的。

35.我宁愿和大家一起努力工作，而不愿意单独工作。

36.我喜欢那种对别人产生影响的工作。

37.在生活中，我经常碰到不能用“正确”或“错误”来加以判断的问题。

38.对我来说，“各得其所”“各在其位”，是很重要的。

39.那些使用古怪和不常用的语词的作家，纯粹是为了炫耀自己。

40.许多人之所以感到苦恼，是因为他们把事情看得太认真了。

41.即便遭到不幸、挫折和反对，我仍然能够对我的工作保持原来的精神状态和热情。

42.想入非非的人是不切实际的。

43.我对“我不知道的事”比对“我知道的事”印象更深刻。

44.我对“这可能是什么”比对“这是什么”更感兴趣。

45.我经常为自己在无意中说话伤人而闷闷不乐。

46.即使没有报答，我也乐意为新颖的想法花费大量时间。

47.我认为，“出主意没什么了不起”这种说法是中肯的。

48.我不喜欢提出那种显得无知的问题。

49.一旦任务在身，即使受到挫折，我也要坚决完成。

50.从下面描述人物性格的形容词中，挑选出10个你认为最能说明你性格的词：

| | | |
|---|---|---|
| 精神饱满的 | 有献身精神的 | 自信的 |
| 有说服力的 | 有独创性的 | 不屈不挠的 |
| 实事求是的 | 性急的 | 有远见的 |
| 虚心的 | 高效的 | 机灵的 |
| 观察敏锐的 | 乐于助人的 | 好奇的 |
| 谨慎的 | 坚强的 | 有组织力的 |
| 束手无策的 | 老练的 | 铁石心肠的 |
| 足智多谋的 | 有克制力的 | 思路清晰的 |
| 自高自大的 | 热情的 | 脾气温顺的 |
| 有主见的 | 时髦的 | 爱预言的 |
| 拘泥形式的 | 谦逊的 | 泰然自若的 |
| 不拘礼节的 | 严格的 | 可知识的 |
| 有理解力的 | 感觉灵敏的 | 实干的 |
| 有朝气的 | 无畏的 | 好交际的 |
| 严于律己的 | 复杂的 | 善良的 |
| 精干的 | 漫不经心的 | 孤独的 |
| 讲实惠的 | 柔顺的 | 不满足的 |
| 一丝不苟的 | 创新的 | 易动感情的 |

## 计分方法

以A、B、C的顺序，以上各题按下面分值计分：

| 选项＼得分＼题号 | 1 | 2 | 3 | 4 | 5 | 6 | 7 | 8 | 9 | 10 | 11 | 12 | 13 | 14 | 15 | 16 | 17 | 16 | 17 |
|---|---|---|---|---|---|---|---|---|---|---|---|---|---|---|---|---|---|---|---|
| A | 0 | 0 | 4 | −2 | 2 | −1 | 3 | 0 | 3 | 1 | 4 | 3 | 2 | 4 | −1 | 2 | 0 | 2 | 0 |
| B | 1 | 1 | 1 | 1 | 1 | 0 | 0 | 1 | 0 | 0 | 1 | 0 | 1 | 0 | 0 | 1 | 1 | 1 | 1 |
| C | 2 | 2 | 0 | 3 | 0 | 3 | −1 | 2 | −1 | 3 | 0 | −1 | 0 | −2 | 2 | 0 | 2 | 0 | 2 |
|  | 18 | 19 | 20 | 21 | 22 | 23 | 24 | 25 | 26 | 27 | 28 | 29 | 30 | 31 | 32 | 33 | 34 | 35 | 36 |
| A | 3 | 0 | 0 | 0 | 3 | 0 | −1 | 0 | −1 | 2 | 2 | 0 | −2 | 0 | 0 | 3 | −1 | 0 | 1 |
| B | 0 | 1 | 1 | 1 | 0 | 1 | 0 | 1 | 0 | 1 | 0 | 1 | 0 | 1 | 1 | 0 | 0 | 1 | 2 |
| C | −1 | 2 | 2 | 2 | −1 | 2 | 2 | 3 | 2 | 0 | 1 | 2 | 3 | 2 | 2 | −1 | 2 | 2 | 3 |
|  | 37 | 38 | 39 | 40 | 41 | 42 | 43 | 44 | 45 | 46 | 47 | 48 | 49 |  |  |  |  |  |  |
| A | 2 | 0 | −1 | 2 | 3 | 1 | 2 | 2 | −1 | 3 | 0 | 0 | 3 |  |  |  |  |  |  |
| B | 1 | 1 | 0 | 1 | 1 | 0 | 1 | 1 | 0 | 2 | 1 | 1 | 1 |  |  |  |  |  |  |
| C | 0 | 2 | 2 | 0 | 0 | 2 | 0 | 0 | 2 | 0 | 2 | 3 | 0 |  |  |  |  |  |  |

第50题，下面每个形容词得2分

精神饱满的　　观察敏锐的　　不屈不挠的

柔顺的　　足智多谋的　　有主见的

有献身精神的　　有独创性的　　感觉灵敏的

无畏的　　创新的　　好奇的

有朝气的　　热情的　　严于律己的

下面每个形容词得1分

自信的　　有远见的　　不拘礼节的　　坚强的

一丝不苟的　　虚心的　　机灵的

其余词：0分

## 完全解析

最后，请将你所得的分数累计起来，如果你的总分：

110～140分：你的创造力非凡；

85 ～109分：你的创造力很强；

58～84分：你的创造力比较强；

30 ～55分：你的创造力一般；

15 ～29分：你的创造力很弱；

低于14分：你的创造力极差！

### 心理贴士

美国心理学家吉尔福特的研究表明，创造力与智力有着极为复杂的联系。一般来说，智商低的人很难有高的创造力，但智商高的人也可能创造力较低。因此，智商高是创造力高的前提条件，但不是充分条件。智商高不一定创造力高，但低智商的人无法拥有高的创造力是确定无疑的。

# 测测你的专长

## 情景测试

每个人都有自己的长处和短处，不管在工作还是生活中，都应该学会发挥自己的长处，规避自己的短处，但是，你知道自己有哪些专长吗？做一下这个测试吧。

1.看到对方的脸就知道TA对你有没有好感

YES→2

NO→3

2.休闲的时候比起看电视，你更喜欢看书

YES→6

NO→5

3.不论是游泳还是一般球类等运动，都可以达到一般的水平

YES→4

NO→5

4.对读书或工作以外的事情，兴趣缺乏

YES→8

NO→7

5.你对计算机、网络、E-mail什么的都蛮有概念的

YES→6

NO→7

6.如果准备充分的话，你极有把握说服对方

YES→10

NO→9

7.初次相见就有人被你电到，还请你吃饭

YES→C类型

NO→9

8.一旦决定要做的事就绝不会半途而废，一定坚持到底

YES→D类型

NO→7

9.你觉得自己的文笔还不错

YES→C类型

NO→B类型

10.人家用英文跟你交谈，你有自信对答如流

YES→A类型

NO→B类型

## 完全解析

**A类型：口才，说服力**

你的特长就是那张巧嘴啦！凭着三寸不烂之舌，你能把子虚乌有的事情说得神神叨叨，把人家唬得一愣一愣的。就算你现在还没感受到自己这方面的才能，只要今后多下功夫，有一天一定会开花结果的，所以从现在开始多在语言方面加油吧！

**B类型：鬼点子、独创力**

你是创造力一流的鬼点子王！也许你自己都还没察觉到你有这方面的潜力咧！你独特的构想可以好好地运用在公关或商品开发上，或者在诗词创作或绘画上，也会有不错的成绩喔！

**C类型：社交型**

你的特长就是善于跟人家打交道，你有一种能够吸引群众的魅力，适应力又强，就算普通人敬而远之的家伙也会折服在你的魅力之下！跟身边的人唱KTV或玩牌时最能体现你这方面的才华了。

**D类型人：行动力，速度快**

你的特长就是迅雷不及掩耳的执行力！你永远充满活力，蓄势待发，就算别人都认为是不可能完成的任务，你还是不死心地积极行动，把不可能转为可能！多靠运动来锻炼你的体力，会对你的工作大有帮助喔！

**心理贴士**

所谓专长，顾名思义就是一个人在某一方面有着他人所不及的特殊才能。很多时候专长并非天生而是在后天养成的。职场中，如果你能充分的调动自己并发挥出自己的特长，将成为你职场竞争中的制胜法宝。

## 心理学知识：天赋

天赋，也就是天分，指的是成长之前就已经具备的成长特性，甚至是与生俱来的。天赋并非人人有，多半人都是资质平庸的。学习也是实践，不断的学习实践是人们获得才能的基础和源泉。没有学不会的东西，问题在于你肯不肯学，敢不敢学。自幼养成勤奋学习的习惯，就会比一般人早一些表现出有才能，人们却误认为是什么“天才”，捧之为“神童”。其实，“天才”和“神童”的才能主要也是后天获得的。当所谓“天才”和“神童”被人们发现后，捧场、社交等等因素阻止了他们继续勤奋学习，渐渐落后了，最后竟一事无成者，在历史上是屡见不鲜的。比如说，《伤仲永》中的方仲永，可以说是一代神童，但他的父亲并没有让他继续学习，最后这个神童“泯然众人矣”，实在令人扼腕叹息。反之，有很多人本来不是“神童”，由于坚持不懈地奋发努力，终成为举世闻名的科学家、发明家。

## 心理学知识：价值

价值是人类对于自我本质维系和发展，为人类一切实践要素本体，包括任意的物质形态。价值是定义人本身存在的核心概念，是存在与发展的本质。简单的表述就是人类一切实践中具有对于自我的维持及发展所在的本质，一切价值形态都脱离不了这个范畴。价值在很多领域有特定的形态，比如社会价值、个人价值、经济学价值、法律价值等。

价值包涵人的意识与生命的双重发展，包含了人与外在自然的统一发展。人创造自我世界的一切发展即有价值。价值的核心本质是自由人，人创造自我的存在即为自由人。人本身是价值的根本对象，人即价值本体，人的行为即价值源泉，人的发展即为价值结果。人的发展是人的内在矛盾与外在矛盾的统一发展，是人的意识与人的生命的整体发展，也是人与自然的整体发展。

## 心理学知识：自我认同

个体通过向内用力，通过内在参照系统而形成了自我反思性，人们由此形成自我认同的过程。个体是依据个体的经验所反思性的理解的自我。“自我认同”假定了反思性知觉的存在，但自我认同并不是被给定的，而是作为个体动作系统的连续性的结果，是在个体的反思活动中必须被惯例性地创造和维系的某种东西。

自我认同是能够理智地看待并且接受自己以及外界，能够精力充沛，热爱生活，积极工作，不会沉浸在悲叹、抱怨或悔恨之中，也不会被失败和挫折打败，而且奋发向上，充满阳光，积极而独立。有明确的人生目标，并且在追求和逐渐接近目标的过程中会体验到自我价值以及社会的承认与赞许。既从这种认同感中巩固自信与自尊，同时又不会一味地屈从于社会与他人的舆论。要有和谐的人际关系，对人际关系有很好的适应能力，他们尊重自己和他人的需要与情感。

# 寻找最适合的工作

在职场中，有时候会听到这样一句话："没有你不能胜任的工作，只有不适合你的行业。"这句话意在鼓励求职者寻找适合自己的工作。很多时候即使你全力以赴地投入到工作中，最终结果却令你倍感失望，很可能就是因为这份工作本身就不适合你。

## 权威职业兴趣测试

### 情景测试

请根据实际情况，在下面各题中的选项中作出选择。与自己情况相符的，选"是"；无法回答的，选"？"；与自己情况不符的，选"否"。每题只能选择一个答案。

R

1.你曾经将钢笔全部拆散加以清洗并能独立地将它装配起来吗?

2.你会用积木搭出许多造型吗？或小时候常拼七巧板吗?

3.你在中学里喜欢做实验吗?

4.你喜欢尝试着做一些木工、电工、金工、钳工、修钟表、印照片等其中的一件或几件事情吗？或你对织毛线、绣花、剪纸、裁剪等很感兴趣吗?

5.当你家里有些东西需要小修小补时（诸如窗子关不严了，门锁上而忘带钥匙了，凳子坏了，衣服不合身了等），常常是由你做的吗?

6.你常常偷偷地摸弄不让你摸弄的机器或机械吗（诸如打字机、摩托车、电梯、机床等）?

7.你觉得身边有一把镊指钳或老虎钳等，就会有许多便利吗?

8.看到老师傅在做活，你能很快地、准确地模仿吗？

I

1.你对电视或单位里的智力竞赛很有兴趣吗？

2.你经常到新华书店或图书馆翻阅图书吗（文艺小说除外）？

3.你常常会主动地去做一些有趣的习题吗？

4.你总想要知道一件新产品或新事物的构造或工作原理吗？

5.当同学或同事不会做某一道习题来请教你时，你能给他讲清楚吗？

6.你常常会对一件想知道但又无法详细知道的事物想象出它将是什么或将怎么变化吗？

7.看到别人在为一个有趣的难题讨论不休时，你会加入进去吗？或者即使不加入进去，你也会一个人思考很久，直到你觉得解决了为止吗？

8.看推理小说或电影时，你常常试图在结果出来以前分析出谁是罪犯，并且这种分析时常和小说或电影的结果相吻合吗？

A

1.你对戏剧、电影、文艺小说、音乐、美术等其中的一两个方面较感兴趣吗？

2.你常常喜欢对文艺界的明星评头论足吗？

3.你曾参加过文艺演出或写过诗歌、短文被墙报或报刊采用，或参加过业余绘画训练吗？

4.你喜欢把自己的住房布置得优雅一些而不喜欢过分豪华、拥挤吗？

5.你觉得你能较准确地评价别人的服装、外貌以及家具摆设等的美感如何吗？

6.你认为一个人的仪表美主要是为了表现一个人对美的追求而不是为了得到别人的赞扬或羡慕吗？

7.你觉得工作之余坐下来听听音乐，看看画册或欣赏戏剧等，是你最大的乐趣吗？

8.遇到有美术展览会、歌星演唱会等活动，常常有朋友来约请你一起去吗？

S

1.你常常主动给朋友写信或打电话吗？

2.你能列出5个你自认为够朋友的人吗？

3.你很愿意参加学校、单位或社会团体组织的各种活动吗？

4.你看到不相识的人遇到困难时，能主动去帮助他，或向他表示你同情与安慰的心情吗？

5.你喜欢去新场所活动并结交新朋友吗？

6.对一些令人讨厌的人，你常常会由于某种理由原谅他、同情他甚至帮助他吗？

7.有些活动，虽然没有报酬，但你觉得对社会有好处，就积极参加吗？

8.你很注意你的仪容风度，这主要是为了让人产生良好的印象吗？

E

1.你觉得通过买卖赚钱，或通过把钱存银行生利息很有意思吗？

2.你常常能发现别人组织的活动的某些不足，并提出建议让他们改进吗？

3.你相信如果让你去做一个个体户，一定会成为万元户吗？

4.你在读书时曾经担任过某些职务（诸如班干部、课代表、卫生员等）并且自认为干得不错吗？

5.你有信心去说服别人接受你的观点吗？

6.你的心算能力较强，不对一大堆的数字感到头疼吗？

7.做一件事情时，你常常事先仔细考虑它的利弊得失吗？

8.在别人跟你算账或讲一套理由时，你常常能换一个角度考虑，而发现其中的漏洞吗？

C

1.你能够用一两个小时坐下来抄写一份你不感兴趣的材料吗？

2.你能按领导或老师的要求，尽自己的能力做好每一件事吗？

3.无论填报什么表格，你都非常认真吗？

4.在讨论会上，如果不少人已经讲的观点与你的不同，你就不发表自己的观点了吗？

5.你常常觉得在你周围有不少人比你更有才能吗？

6.你喜欢重复别人已经做过的事情而不喜欢做那些要自己动脑筋摸索着干的事吗？

7.你喜欢做那些已经很习惯了的工作，同时最好这种工作责任心小一些，工作时还能聊聊天，听听歌曲等吗？

8.你觉得将非常琐碎的事情整理好，或由于你的工作使有些事情能日复一日地运转很有意思吗？

## 计分方法

测题内容包括R、I、A、S、E、C六项，分别统计得分，每个“是”计2分，每个“？”计1分，每个“否”计0分。依各项得分的高低，从高到低将它们排列起来。

## 完全解析

**R（现实型）**

现实型职业：是指那些要求有一定技能、技巧的职业，通俗地讲就是类似于技术工一类的职业。

人格特征：非社交的、物质的、遵守规则的、实际的、安定的、缺乏洞察力的、感情不丰富的、不善与人交往的。

职业特征：需要进行明确的、具体的、按一定程序要求的技术性、技能性工作。

相关职业：飞机检修工、动物饲养员、汽车修理工、木工、汽车驾驶员、测量工、工地检查员、无线电工、加油工、园林工、船舶驾驶员、机械操作工、电工技师、车工、钳工、建筑工、农机手。

**I（研究型）**

研究型职业：是指那些要求有一点钻研精神的职业，即从事科学研究、科学技术工作的职业。

人格特征：分析的、内省的、独立的、好奇的、慎重的、敏感的，喜好智力活动和抽象推理。

职业特征：通过观察、科学分析而进行的系统的创造性活动，一般研究的对象侧重于自然科学方面，而不是社会科学方面。

相关职业：气象员、生物学工作人员、天文工作者、化学技师、学术评价者、杂志编辑、地质工作者、植物研究者、物理实验人员、建筑设计师、计算机程序设计员。

**S（社会型）**

社会型职业：是指那些直接为他人服务，为他人谋福利或与他人建立和发展各种关系的职业。

人格特征：助人的、易于合作的、社交的、有洞察力的、责任感强的、重友谊的、有说服力的，比较关心社会问题等特征。

职业特征：从事与人打交道的说服、教育和治疗工作。

相关职业：教师、口语矫正人员、临床医师、社会福利工作人员、护士、职业咨询者、服务人员、导游、公共关系人员、列车员、律师、营业员、供销员、医生、社会活动家、计划生育工作者。

**E（管理型）**

管理型职业：是指那些为直接获得经济效益而活动的职业，即如经营管理、产供销以及财务等方面的职业。

人格特征：支配的、乐观的、冒险的、冲动的、自我显示的、自信的、精力旺盛的、好发表意见和见解的，但有时是不易被人支配的、喜欢管理和控制别人等特征。

职业特征：从事需要胆略、冒风险且承担责任的活动，主要指管理、决策方面的工作。

相关职业：企业投资者、商品信息员、广告事业人员、管理干部、制片人、经理、主持人、推销员、宣传人员、调度、乡镇企业负责人。

**A（艺术型）**

艺术型职业：是指那些要求有一点艺术素养的职业，即与音乐、美术、影视、戏剧、文学等与美感直接或间接有关的职业。

人格特征：想象力丰富、理想的、直觉的、冲动的、独创的但是无秩序的；感情丰富，但缺乏事务性办事能力等特征。

职业特征：通过非系统化的、自由的活动进行艺术表现，但精细的操作能力较差。

相关职业：诗人、作家、指挥、作曲家、演员、商品设计师、记者、导演、画家、雕刻者、工艺设计师等。

**C（常规型）**

常规型职业：是指那些需按照既定要求工作的，比较简单而又比较刻板的职业，如办公室事务员、非技术操作工等职业。

人格特征：自我抑制的、顺从的、防卫的、缺乏想象力的、持续稳定的、实际的、有秩序的、回避创造性活动等特征。

职业特征：严格按照固定的规则、方法进行重复性、习惯性的活动，希望较快地见到自己的劳动成果，有自控能力。

相关职业：会计、统计人员、信贷调查员、法庭速记员、银行出纳员、税务人员、仓库管理员、计算机操作员、价格计算人员、打字员、秘书、理发师、邮递员、图书馆员。

**心理贴士**

有一句话说得很对：兴趣是最好的老师。在生活中，人们往往愿意参加与自己兴趣相关的活动；在选择职业时，人们也会不自觉地去选择和自己兴趣相关的职业。兴趣与个人的能力结合可以有效地提高工作效率，充分发挥个人的才能。

## 你适合在哪行大显身手?

### 情景测试

初入职场，行业选择的问题常常令人困扰，既要考虑到将来的职业发展，又需要顾虑到现实生活的压力。你适合在哪个行业大显身手呢？快做一做下面这道测试题吧。

以下的4种花，你最喜欢哪一种？

A.木棉

B.玫瑰

C.郁金香

D.香水百合

### 完全解析

选择A：木棉花是一种很朴素的花，你选择木棉花，说明你很爽快，是个不会耍阴谋诡计的人。你交友处世都喜欢直来直去，从不在背后用阴招儿。你不适合从事经营业，如果你具备文学艺术天分的话，写作对你来说可能会是个挣大钱的行当。

选择B：你是个浪漫、任性而无拘无束的人。你追求宽松的生存空间，把最好的时光都用在小资生活的享受中。此外，你颇有艺术天分。

选择C：你是一个感情丰富的人，你对情感十分热衷。但你做事有虎头蛇尾的毛病。

选择D：你是一个生活态度非常严谨的人。你可能像康德那样过着清教徒般的生活。你生活极有规律，事情都处理得有条不紊，此外你有不同寻常的审美能力和创造能力。

心理贴士

选择行业是一个人刚步入社会后的头等大事，一个人选择的行业适当与否会关系到他一生的前途。可以说，一个人的性格在很大程度上决定了他适合在哪个行业发展，在适合的行业里，他能够充分发挥自己的特长，取得令人瞩目的成就。

## 不要入错行

### 情景测试

俗话说：“男怕入错行，女怕嫁错郎。”但其实，当今社会，选对行业、找准适合自己的位置，对于每个人来说都至关重要。你是否选对了行业呢？做做测试吧！

古时候，有位国王将两条20米长的绳索分别交给两个儿子，告诉他们要把绳子在地图上围起来的土地分给他们，不过不能用圆形或三角形，只能用长方形。绳子虽然同长，弟弟围起来的土地仍旧比哥哥多了10平方米，为什么弟弟的土地会比较多呢？

A.哥哥很老实，弟弟则要了小伎俩

B.不为什么，两兄弟按规定各自用各自的方法测量

C.不知道为什么

D.以上答案都不是

### 完全解析

选择A：你在职场上认真又老实。此外，你天性善良，懂得内敛含蓄之道，会适当避开锋芒，做大家优秀的倾听者。因为你良好的品德，你的人际关系始终处于一种良好状态。在公司里，你德高望重，深得人心。发挥你在协调方面的优点，尤其在公司出现复杂局面的时候，你能成为大家的稳心剂呢！

选择B：你八面玲珑，深谙逢迎之术，你有主动谋事业赚钞票的愿望，所以工作态度是没有问题的，可贵的是，你会在岗位上充分发挥你的优点，因为对你来说，成就感是你目前最需要的东西。在你的精心掌握下，凡事都会朝着你期望的方向发展！但因为你心机过深，别人也会对你加以防范。

选择C：你比较刻板。对于有兴趣的事情投入精力会很多，不喜欢的工作则有强烈的排斥心理。你对待工作热情但缺乏理性，在人际关系上相当漠然。如果遇到合适的工作，你能够如鱼得水。如果工作不顺心，你就会把怨气发在同事身上。你在公司里面一向对事不对人，因而显得对人冷漠和苛刻。工作之外，你都没什么朋友。

选择D：你不是个稳定派，你常随心情而改变想法，也在不断选择和不断寻找发挥自己专长的机会。因此，工作方面，今天一份工，明天一份工，对你来说是很平常的事情。

心理贴士

选择A选项的人适合从事公司人事方面的工作；选择B选项的人既适合从事业务方面的工作，也适合担当领导者的角色；选择C选项的人是个尽职尽责的人，但在人际关系方面要注意改善；选择D选项的人要在适当的时候稳定下来，否则容易丢了西瓜捡芝麻哦。

## “跳槽”还是“不跳槽”

### 情景测试

你对自己目前从事的工作是否满意？所在行业的前景怎么样？是否在考虑如果换个工作会更有利于自己的发展呢？还没有下定决心的话，就来测试一下吧。

1.你觉得公司所在行业的前景：

A.正在走下坡

B.前景迷茫，喜忧参半

C.稳如泰山

D.比上不足，比下有余

2.平时在公司表现尚佳的你，一般可以获得怎样的回报呢？

A.肩膀上被拍几下

B.再努力也不如溜须拍马之徒升迁得快

C.公司里人人平等，没有所谓的表现不错

D.感觉受到充分的尊重和奖励

3.你的观念里面，老板与员工之间的关系就像？

A.《红楼梦》里的王熙凤与平儿

B.员工完全可以胜任老板的工作

C.难得能见到老板

D.还行啦！做下属的服从领导是本分

4.目前的工作：

A.整天都是麻烦事儿，只盼着下班

B.马马虎虎啦，做一天和尚撞一天钟呗

C.难度很大，我有点怯阵

D.很有挑战性，信心百倍

5.整体而言，你的同事：

A.很八卦耶！对讨论他人的私事比对本职工作感兴趣得多

B.非常的婆婆妈妈

C.同事？工作忙起来时没有一个人与我共事

D.他们是我所信任的人，也使我很快乐

6.你有工作安全感吗？

A.我觉得朝不保夕

B.现在看上去还行，只是自己被炒鱿鱼是迟早的事情

C.有自己出来单干，新立门派的想法

D.固若金汤

7.工作之余，你有其他爱好兴趣吗？它们是否对你的工作有帮助？

A.爱好兴趣确实很广喽，但与工作无关

B.生活枯燥，除了工作就是生活，没有特殊的爱好兴趣

C.自己的爱好常常能激发自己对工作的兴趣

8.在这家公司待了这么久，你的才能：

A.没变化

B.日益荒废

C.与日渐增

9.你觉得你的个性对你的职位有帮助吗？

A.不能说一点帮助没有，但说实在的，没觉得帮助特别大

B.没有帮助

C.有帮助，你的个性使你在工作中如鱼得水

## 计分方法

选项A计1分，选项B计2分，选项C计3分，选项D计4分。最后请将总分相加。

## 完全解析

9分以下：你很没有工作成就感，对你来说，从事目前这份朝不保夕的工作带给你很重的负担，简直要超出你的心理承受能力了。因此，正是你应当寻求新的发展机遇的时候了。

9～20分：你对自己的工作还算满意，但对于能否保住这份工作也不敢说很有把握，所以表面上你勤勤恳恳，实际上也私藏一份心思。又或许对你来说，你觊觎他人的发展，总认为外面的世界会给你提供更好、更有成就感的工作机会。因此，你随时都在准备换工作，只要遇到让你满意的。

21～30分：你对自己的职业满足感很高，同时你是个忠诚度很高的员工，对这样的你来说，有什么能比年终交替之际享受一年劳作的成果更值

得宽慰的事情呢？

**心理贴士**

跳槽应该以自己的职业目标为中心，谋求目前所处的工作环境中所无法给予你的更大的发展空间。发展空间主要包括升职、加薪、创业、个人成就感等多方面。由于社会激烈竞争的环境，在跳槽之前一定要做好充分准备，一般情况来说，找到合适的工作以后再辞去现有的工作比较稳妥。

## 工作满足感测试

### 情景测试

很多人说，非常热爱自己的工作并不是因为工作本身给他带来了多么丰厚的报酬，而是因为这份工作给他带来了一种充实感和满足感。你对自己从事的工作有满足感吗？做一做下面的测试就知道了。

当你要买或租房子，为自己找个能落脚的安乐窝，要选择地点时，以下四种地理条件，哪样对你来说是首先需要着重考虑的？

A.靠近地铁站或公交车站等交通便利处

B.靠近便利商店或大型超市

C.靠近电影院、网吧、公园等游乐场所

D.靠近学校或图书馆

### 完全解析

选择A：对于工作现况，你有非常多不满意，老觉得自己是个千里马，身怀绝学却没人发现。如果有伯乐赏识，给你一个一展所长的舞台，你一定能够让那些总是批评你的领导和上司刮目相看。你总觉得自己还没遇到青云际遇，所以雄心勃勃想要跳槽，如果有机会，你可就会另谋发展呢。

选择B：你对目前的工作状况大致上来还算是满意的，你努力在现有环境中学习，希望能充实自我，让自己越来越进步，累积好一身打拼的本事。所谓“艺多不压身”“艺高人胆大”，你坚信有了真才实学才能有往上爬的资本。目前你并不会想要乱跳槽，因为你相信只要是有实力的人，最后是不会被忽略掉的。

选择C：对于工作的要求，你的权力欲望并不高，倒是其他的工作条件，比如说离家近不近，同事和上级好不好相处，爸爸妈妈同不同意，这些对你来说反而比较重要。要是这些条件基本都能够满足你，你可是非常乐在职场，如果周边条件不能配合，就算是钱再多事再少的工作，你还是会有遗憾呢。

选择D：在他人眼光中，你是沉默的大多数中的一员。看起来你似乎没有什么野心，就像是办公室的一颗勤恳的螺丝钉。但实际上，你对自己在职场中的定位并不局限于这些。你其实心比天高，无奈命比纸薄。虽然有个声音不断逼迫和催促你要往前进，可是你却始终难以放下身段，个性又略显不够积极，无法向别人的生存法则看齐，所以只能想想算了。

**心理贴士**

根据心理学家洛克的定义，工作满足感指的是“对一个人的工作或工作经验的评价所产生的一种愉快的或有益的情绪状态”。对于企业而言，提高员工的工作满足感是员工管理的重要目的。一般情况下，员工对工作的满足程度取决于公司对员工期望的满足程度。员工期望主要包括工作环境、工作的挑战性、工作的优越性等方面。

## 心理学知识：个人潜能

一个人如果能使自己的内心处于平和状态，他就可以较大限度地发挥个人的潜能。只有那些能够正确认识自己并且内心充实的人，才能最终达到充分挖掘个人潜能的目的。所以，每天给自己安排10分钟的时间，安静地独处，对自己当天的表现给出一个评价，这样你就会对自己生活中积极和消极的事情有一个更加清醒的认识。潜能是指人具有的但又未表现出来的能力。正是因为潜能的隐蔽性，许多人并不能够有效地认识和开发自己或孩子、学生的潜能。潜能分为生理潜能和心理潜能。但潜能的发掘和发挥都存在着极大的心理因素。人通过提高认识、学习技巧、培养感受力领悟力、坚强意志等方法都能够发挥人的生理、心理潜能。因此，从广义角度讲，任何潜能都属于心理潜能。对于心理潜能人们一般都狭隘地理解成意志的激发。的确，意志最能够体现人的意识能动性，有恒心、有毅力、有信心的人们往往能够做到很多看起来不能做到的事情。但是，心理潜能不仅仅是意志，任何心理活动都还有相当多的能量没有被挖掘。这也就是说，在一般情况下，任何心理活动都存在着潜能，这些潜能往往能够通过特殊的训练逐步释放出来。

## 心理学知识：无意识动机

无意识动机是指个人没有完全意识到的任何内在力量，其作用在于发起、维持，或指导行为以达到目标。心理学上的许多体系假设心理结构中存在一个无意识的部分，虽在当时不可觉察，但却对行为有明显影响。

所谓无意识动机，在弗洛伊德看来，就是构成无意识（潜意识）的那些个人的原始的盲目冲动、各种本能以及出生后和本能有关的欲望等。无意识动机是行动的原因。弗洛伊德是强调对行为动机的探讨的。他在《日常生活的心理病理学》一书中，搜集了几百个关于无意失言、无意错误和不由自主动作的实例，用以说明或多或少的隐蔽的动机。

# 了解你的职场生存能力

机会向来只留给有准备的人，只有对自己的职场生涯做好最充分的准备，才能在激烈的职场竞争中游刃有余，不断挖掘自身潜能，充分施展自己的才华和能力，进而提升自己的职场生存能力。

## 面试的压力

### 情景测试

人们面试时都会产生不同程度的紧张，因为面试的结果会决定你能否被录用。下面这道心理测试题可以帮助你了解自己在面试时的压力情况哦。

1.在面试的时候，我感到心慌意乱；

2.想到面试的结果就会妨碍我进入面试状态；

3.遇到重要问题时，我会发呆愣住；

4.面试时，我在想能否通过面试；

5.我越尽力地想如何答题，就越是慌乱；

6.面试被拒的想法干扰我思想集中在面试上；

7.在参加重要面试时，我感到异常心神不安；

8.对面试已有充分准备，但我还是非常紧张；

9.在进入面试间前，我感到非常紧张；

10.在面试中，我感到非常紧张；

11.我希望面试官不要烦扰我；

12.在重要面试中，我紧张得连胃也不舒服了；

13.在重要面试时，我似乎被自己击倒；

14.在参加重要面试时，我感到非常恐慌；

15.参加重要面试前，我非常担忧；

16.在面试过程中，我发觉自己老想着失败的结果；

17.在重要面试中，我感到自己心跳得很快；

18.面试后，我试图不再担忧它，但做不到；

19.面试中我很紧张，连知道的内容也忘了。

## 计分方法

从来没有测试题中提及的情况，计1分；偶尔有计2分；经常有计3分；总是出现计4分。最后请计算出总分。

## 完全解析

总分越高，说明你的压力程度越高。总分在35分以上：过度压力。这是非常不利的，因为人为过度施加的内在压力，使自己内心注意力很难集中，在面试中容易形成思维短路的情况，甚至情绪无法控制，造成失常发挥的后果。不过没有压力也并非良策，因为没有压力也意味着缺乏动力和斗志，责任感缺失，就容易在大意下犯一些低级错误。所以保持适当的压力，让自己有警觉又能控制情绪，做到有张有弛，就可以保证面试时正常发挥，甚至超常发挥。

### 心理贴士

首因效应，又称为第一印象效应，是指最初接触时获取的信息所形成的印象对人们以后行为的评价和影响。美国心理学家兹尼博士说："人的第一印象是在最初4分钟决定的。"后来的印象都是对首次印象的修正和补充，所以，给面试官留下良好的第一印象是获得对方认可的第一步。

# 团队精神

## 情景测试

下面是一道关于团队精神的测试题，请如实回答下列问题，记录下你的选项。

当你是小组成员的时候。

1.我提供事实和表达自己的观点、意见、感受和信息以帮助小组讨论。（提供信息和观点者）

2.我从其他小组成员那里征求事实、信息、观点、意见和感受以帮助小组讨论。（寻求信息和观点者）

3.我提出小组后面的工作计划，并提醒大家注意需完成的任务，以此把握小组的方向。我向不同的小组成员分配不同的责任。（方向和角色定义者）

4.我集中小组成员所提出的相关观点或建议，并总结、复述小组所讨论的主要论点。（总结者）

5.我带给小组活力，鼓励小组成员努力工作以完成我们的目标。（鼓舞者）

6.我要求他人对小组的讨论内容进行总结，以确保他们理解小组决策，并了解小组正在讨论的材料。（理解情况检查者）

7.我热情鼓励所有小组成员参与，愿意听取他们的观点，让他们知道我珍视他们对群体的贡献。（参与鼓励者）

8.我利用良好的沟通技巧帮助小组成员交流，以保证每个小组成员明白他人的发言。（促进交流者）

9.我会讲笑话，并会建议以有趣的方式工作，借以减轻小组中的紧张感，并增加大家一同工作的乐趣。（释放压力者）

10.我观察小组的工作方式，利用我的观察去帮助大家讨论小组如何更好地工作。（进程观察者）

11.我促成有分歧的小组成员进行公开讨论，以协调思想，增进小组凝聚力。当成员们似乎不能直接解决冲突时，我会进行调停。（人际问题解决者）

12.我向其他成员表达支持、接受和喜爱，当其他成员在小组中表现出建设性行为时，我给予适当的赞扬。（支持者与表扬者）

## 计分方法

总是这样：5分，经常这样：4分，有时候这样：3分，很少这样：2分，从不这样：1分。最后相加，得出总分。

## 完全解析

以上1～6题为一组，7～12题为一组，前一组与后一组得分用下例方式表达（0，0）。

（6，6）只为完成工作付出了最小的努力，总体上与其他小组成员十分疏远，在小组中不活跃，对其他人几乎没有任何影响。

（6，30）你十分强调与小组保持良好关系，为其他成员着想，帮助创造舒适、友好的工作气氛，但很少关注如何完成任务。

（30，6）你着重于完成工作，却忽略了维护关系。

（18，18）你努力协调团队的任务与维护要求，终于达到了平衡。你应继续努力，创造性地结合任务与维护行为，以促成最优生产力。

（30，30）祝贺你，你是一位优秀的团队合作者，并有能力领导一个小组。当然，一个团队的顺利运行除了以上两种行为以外，还需要许多别的技巧，但这两种最基本，且较易掌握。如果你得分比较低，也不要气馁，只要参照上面的做法，就会有所提高。

## 心理贴士

简单来说，团队精神是大局意识、协作精神和服务精神的集中体现。协同合作是一个团队的精神核心。在职场中，拥有团队精神是至关重要的，它决定了一个团队能否高效有序地朝同一个目标努力工作。

## 你在工作中的表现

### 情景测试

你在工作中的表现会直接影响老板对你的看法从而影响到你的个人发展。在工作中你的状态是什么样的呢？快来了解一下吧。

南方的茶餐厅各式点心异常丰富，一觉醒来，餐厅已经为你准备了营养全面的早餐。今天的茶点有煎双蛋、火腿、茄汁煽豆、吐司面包及一杯热奶茶，你会选择先吃哪一样呢？

A.煎双蛋

B.火腿

C.茄汁煽豆

D.吐司面包

E.热奶茶

### 完全解析

选择A：先吃煎双蛋的人，情绪很稳定，无论工作压力多大，都不会影响自己的工作表现，且具有良好的分析能力。

选择B：先吃火腿的人，讲原则且自律性高，不容易被诱惑。会将工作放在首位，先完成工作，做事情认真负责，同时也是个很守时的人。

选择C：先吃茄汁煽豆的人，很有责任心，只要答应了的，无论多艰难都必会将任务完成，绝不会中途放弃；你对工作有一百分的投入，工作的回报率也会很高哦。

选择D：先食吐司面包的人工作效率奇高，只要有工作在手，就要先将公事做完成才安心；很会分配工作时间，又能一心二用，同一时间处理多项工作。

选择E：先喝热奶茶的人，是个很有创意的人，爱天马行空又能兼顾实际情况；同时沟通能力也很强；懂得享受工作，很会在苦闷中找到乐趣！

心理贴士

工作状态指的是一个人在工作中情绪的唤醒程度。心理学研究表明：一个人工作情绪处于中等唤醒程度的时候，他的工作效率是最高的。唤醒程度过低，工作起来会没精打采；唤醒程度太高，又会使精神过于紧张。

## 同事的非议

### 情景测试

工作中会接触到各种各样的同事，你不会让所有人喜欢，因此也难免惹同事非议。你到底在哪方面容易引起他人的不满呢？快测试一下吧。

今天分组进行讨论公司的项目规划，你会选择和哪种人在一组？

A.聪明能提供好意见但是坚持己见的人

B.活泼搞笑但是不爱做事的人

C.擅于工作但是骄傲不已的人

D.你的最好朋友，但大家不喜欢他

### 完全解析

选择A：受同事非议程度60%。别人会认为你有点势利眼，有时甚至会说你是领导的马屁精，人前人后两面三刀，因此你要小心和领导及长辈的说话态度，可能会因此引起同事不满。

选择B：受同事非议程度80%，别人会觉得你会不惜手段想要当公司里的风云人物。如果你是公司里面的风云人物，别人就会因为嫉妒眼红在背后说你坏话，要注意对其他人的态度，不可以摆出有点骄傲的姿态哦。

选择C：受同事非议程度40%。你的个性可能有点固执，怕自己能力比别人弱，甚至可能有很大的疑心病，怀疑那个人怎样怎样、另外一个人怎样怎样，有些同事会受不了你这样的个性，就会在你背后讨论你的是非。

选择D：受同事非议程度20%，在同事眼中你是个重情义道义的人，无论别人对你的看法如何，你总是对他们很好。但如果是单位里面的小负责人，你可能也会有偏心的状态，并因此让别人对你不满。

### 心理贴士

工作中遇到人事纠纷在所难免，同事在背后非议自己固然不好，但我们首先还是要反省一下自己是不是什么地方做得不对。如果在反省过后发现自己并没有做错什么，那尽管大胆地做自己，也不用去烦恼什么。有一句话说得好，走自己的路，让别人说去吧。

## 测试你的职场进取心

### 情景测试

在每个年轻人心中都怀揣着自己的梦想，可是当走出校门工作几年之后，你是否还在追随着自己最初的梦想呢？从下面这道测试中可以看出你的进取心哦。

你住在二楼左侧的房子里，某天，你要出门去倒垃圾，你的左边是一个窗子，而楼上和楼下都各有一个垃圾道，在二楼的最右边也有一个垃圾道，你可以有以下选择：

A.上楼到上面那个垃圾道去倒垃圾

B.下楼到下面那个垃圾道去倒垃圾

C.从自己所在的位置一直向右走，去那里倒

D.直接从身边的窗口爬出去倒垃圾（从那里可直接到垃圾道）

E.从窗口直接倒出去

**完全解析**

选择A：你的进取心很强，而且有很强烈的欲望，希望无论是学习还是工作都可以得到好名次，是一个非常有上进心人。需要注意的是不要太给自己压力，否则生活会很累。

选择B：你可能陷入了一种懒惰的思想中，希望自己可以省力气。你也许觉得生活不应该背负太大负担，只想轻松地游戏人生。需要注意的是别太松懈，还是要努力才是！

选择C：你对现状很满意，不喜欢波动，而是喜欢平平淡淡的生活。不喜欢波折，越是简单的东西你越喜欢，甚至希望永远维持现状，就算不前进都无所谓。需要注意的是，你不觉得生活太单调了吗？

选择D：你实在是太喜欢追求刺激了，几乎到了不可思议的地步。你认为平凡的生活太过单调，你需要时刻保持新鲜感。需要注意的是有的时候还是要务实一点。

选择E：你的素质需要培养，你现在遇到的不顺利很可能出自你个人修养的问题。需要注意的是现今素质非常重要，即使有了知识，没有素质也难成功。

**心理贴士**

鲁迅先生说：“不满是向上的车轮。”若是人类失去进取心，社会就会停止向前。同样的道理，一个人要是失去进取心，也会停下前进的脚步。具有进取心的人，对于成就事业有强烈渴望，自然就会有更大的发展。

## 你会成为职场黑马吗

**情景测试**

俗话说得好，“不想当将军的士兵不是好士兵”。每个人都希望自己能在职场有所成就。下面这道测验是通过进入你的潜意识来测你未来的潜力，看看你将来能否成为一匹职场中的黑马。

有一天早上醒来发现自己被外星人抓走，你下一步会怎么做？

A.想办法逃走

B.装死或假装睡

C.求他们放自己走

**完全解析**

选择A：你有明日之星的架式，将来会成为天王天后接班人。你很有自信，只要有机会就一定会很努力，因此时机出现时一定会令人刮目相看。

选择B：你已是职场红人，并且得到了领导的垂青，将来还会委以重任！你除了本身的努力外，也有非常高的EQ，懂得分享和包容，即使本身已经是当红人物，还是会把光环分享给大家，因此会让大家觉得你不但事业成功，做人方面也非常沉稳。

选择C：你属于默默奉献型，不过路遥知马力，只要你继续努力总有出头的一天。你勤勤恳恳不求大家注意，只想着做好自己分内的事情，并认为自己一步一个脚印之下总有一天会成功。

**心理贴士**

其实，但凡伟大的事业、卓越的成就，都不可能在一朝一夕取得。所谓“黑马”只不过是大家没有注意到他们的努力而已，“吃得苦中苦，方为人上人”，正是他们的真实写照。把困难当成磨砺自我的良机，因为机会常常就隐藏于困难之中，关键在于你能不能把握了。

## 心理学知识：团队精神

我们说的团队精神，简单来说就是大局意识、协作精神和服务精神的集中体现。团队精神的基础是尊重个人的兴趣和成就，核心是协同合作，最高境界是全体成员的向心力、凝聚力，反映的是个体利益和整体利益的统一，并进而保证组织的高效率运转。

团队精神的形成并不要求团队成员牺牲自我，相反，挥洒个性、表现特长保证了成员共同完成任务目标，而明确的协作意愿和协作方式则产生了真正的内心动力。团队精神是组织文化的一部分，良好的管理可以通过合适的组织形态将每个人安排至合适的岗位，充分发挥集体的潜能。如果没有正确的管理文化，没有良好的从业心态和奉献精神，就不会有团队精神。团队是一种精神，是一种力量，是现代社会中不可缺少的!任何组织群体都需要一种凝聚力，传统的管理方法是通过组织系统自上而下的行政指令，淡化了个人感情和社会心理等方面的需求。团队精神则通过对群体意识的培养，通过队员在长期的实践中形成的习惯、信仰、动机、兴趣等文化心理，来沟通人们的思想，引导人们产生共同的使命感、归属感和认同感，逐渐强化团队精神，产生一种强大的凝聚力。

## 心理学知识：执行力

执行力可以理解为：有效利用资源，保质保量达成目标的能力。执行力指的是贯彻战略意图，完成预定目标的操作能力，是把企业战略、规划转化成为效益、成果的关键。执行力包含完成任务的意愿，完成任务的能力，完成任务的程度。对个人而言执行力就是办事能力，对团队而言执行力就是战斗力，对企业而言执行力就是经营能力。而衡量执行力的标准，对个人而言是按时按质按量完成自己的工作任务；对企业而言就是在预定的时间内完成企业的战略目标。其表象在于完成任务的及时性和质量，但其核心在于企业战略的定位与布局，是企业经营的核心内容。

# 你是否有做管理者的潜质

管理工作是我们都想要获得的职场目标。这是对自身能力的一种认可，同时也是收入水平跃升的一个台阶。面对管理工作，你是否可以把握好工作的各个环节，对于一份管理工作，自己又是否能够应对和处理得游刃有余？

## 你能否抓住升迁的机会

### 情景测试

在人生道路上，谁都会碰上几次升迁的机会，而能抓住和用好这个机会的人才是高手。

你能抓住升迁的机会吗？请拿起笔做下面的测试，只需回答“是”或“否”。

1.我换了更好的工作。

2.我被指定负责某些事情。

3.我对自己的身体健康状况非常满意。

4.我达到了一项个人体能目标（如在规定时间内跑完三千米）。

5.我的同事开始尊重我的判断。

6.经过我的努力，我的专业能力更受肯定。

7.我的投资获利可观。

8.我对我的性生活比以往感到满意。

9.我戒除了一个坏习惯。

10.我摆脱了一个事事会拖累我的朋友。

11.我比以前更能控制遭遇困难时的情绪反应。

12.我更能保留自己的想法并广纳众议。

13.我获得了加薪。

14.我在各种社交场合里愈来愈能处之泰然。

15.我买了一部新车。

16.我逐渐接近理想体重。

17.我的感情生活相当稳定，或我的婚姻渐入佳境。

18.我买了从未想过要拥有的东西。

19.我提出意见或看法时更有自信。

20.我比以前更会运用时间。

21.我开始穿着更贵的服装。

22.我重新整修、布置了房子（包括租来的）。

23.我有了新的嗜好。

24.近来老板对我态度越来越好。

25.我买了一部个人计算机。

26.我招揽了一些新客户。

27.我搬到更好的社区了。

28.我的意见和想法越来越受上司的重视。

29.我的老板更依赖我的专业才能。

30.我参加了国外旅游或考察。

31.我比一向被视为榜样的人赢得更多名利。

32.我比过去更会存钱。

33.我在同行之间小有名气。

34.我对我的工作质量更自信。

35.我控制了自己的饮食习惯。

36.我的网球（或其他运动）技术有显著进步。

37.我成功地完成了生平最大的计划。

38.我结交了一些益友。

39.我比以前看了更多书（小说除外）。

40.我比以前更能控制情绪与压力。

## 计分方法

凡是答“是”得1分，答“否”不得分，计算出总分。

## 完全解析

0～5分：你得分很低，除非你目前已经登峰造极，无须再有晋升，否则，你有必要提升自己的职场能力。你的职场能力令人堪忧，也许你缺乏方向或尚无目标，你应该努力改变现状，否则，将会错失升迁的机会。

6～10分：你得分比较低。你需要的不是升迁的机会，而是在工作中集中精力，设定更明确的目标。

11～17分：你得分中等。你懂得结合充沛的精力和较明确的目标，而且你具备一定的成绩基础。你应该充分利用自己的职场能力，扩展自己的视野，朝既定目标迈进。

18～22分：你得分较高，你正努力增加自己成功的机会，但要注意把自己力量集中一点。你现在就像手持霰弹枪，想击中一切目标。只要不产生焦虑，这样做也没什么不好。但最好谨记，成就质量的重要程度高于数量。如果你能好好确定方向，抓住升迁的机会，获取更大的成功对你来说并非难事。

23分以上：你得分很高，说明你的能力很强，往往很有野心，所以也比较容易杂乱无章。各种目标都想达到，可能会使你因忙乱而错过成功的机会。你不妨与专家谈谈，也许你的成就动机很强烈，但却欠缺一些必要的知识和方向。

## 心理贴士

大家都想升迁，但也都知道升迁的难度。这不仅需要一个人有上进的动机，还需要工作的成绩和合适的机遇。只有各种因素都具备的时候，他才能获得自己想要的结果。

## 管理者的工作态度

### 情景测试

如果你是一家大公司的男性老总，近日招聘来一位年轻貌美的私人助理。你有权规定她的上班服装，你认为下列哪种说法比较符合你的真实想法？

A.保守的职业套裙，长度需要过膝才显得庄重

B.凸显身材的窄裙，不但可以带出去应酬，自己也看得赏心悦目

C.和其他职员一样穿工作服，公司要注意纪律

D.不做要求，任其自由穿着

### 完全解析

选择A：你平常看起来可能是懒懒散散的，但是一旦投入工作就有火热的激情，你做事一本正经，毫不马虎。“认真”二字是你的基本职业态度，对敷衍了事的工作态度是极为痛恨与不耻的，你是个十足的工作狂。

选择B：你的灵活度很高，懂得利用自己的聪明才智，能够把工作梳理得很好。你的过人之处是懂得该努力的时候努力工作，能偷懒的时候也绝不放过任何休息的机会，因此你在工作时精神状态特别好，同时你还蛮注意工作环境的情调，这使得你工作成就感与生活享受兼得。你只能说是“准工作狂”。

选择C：基本上你会公私分明，谈不上是个工作狂，不过只要办起公事时，就不会把你的私人感情卷入其中，而且态度鲜明，因此基本上你也算工作狂型的人物。

选择D：你是个凭感觉说话做事的人，若是遇到你比较擅长和喜欢的策划性工作，就会认真对待，一丝不苟。可是如果你的工作对你来说毫无吸

引力，你就会打马虎眼搪塞过去。从这个角度上来说，你是不是工作狂，要视你的兴趣爱好与工作性质而定。

**心理贴士**

态度决定命运，一个管理者工作的态度对他最终的工作结果作用至关重要。如果你一直是得过且过，那也只能得到一个最消极的结果；如果你始终保持积极、乐观的心态，那么在你的辛勤与努力之下，很可能获得一个最为有利的结果。

## 你属于哪种管理风格

### 情景测试

新招来的助理在试用期间就偷懒，做事不力，还爱说闲话，让同事之间相互猜忌，你仔细考虑过后，决定把她解雇。在对待如何解雇她的问题上，你会：

A.请其他助理告诉她已被解雇

B.把她喊到自己的办公室，直接把她辞退

C.以温和的语气和外交辞令向她解释，她实在不适合在公司工作

D.把她解雇，然后安抚下属，叫他们安心工作

### 完全解析

选择A：放任型的领导风格。你会逃避眼前的困难。这种作风并非完全无效，但如果要成功地采用这种领导方式，那么你的助手必须十分精明干练。

选择B：专制型的领导风格。你的专制会使得工作目标十分明确，你十分在意工作结果，因而一定程度上保证了指挥的统一和行动的一致，但由于你忽视了上下级之间的有效沟通，可能会导致员工情绪郁闷。在人本主义的今天，你的铁杆精神会使你较少受人爱戴。提示：你有一种极权主义

的倾向，就好似柏拉图所说的“聪明人应当领导和统治，而无知者则应当服从”！这样很容易令属下们反感，要多加注意！

选择C：民主式的领导风格。马克思韦伯对领导类型有三种划分：个人魅力型、传统型、合理型。其中合理型领导就是民主型，在民主型领导的带领下，团队凝聚力较高，是较为理想的领导作风。

选择D：民主集中式的领导风格。一方面你懂得在恰当时刻运用权力，尽量和下属保持合作；另一方面又可以提高士气，极尽怀柔，令每位下属都觉得自己是队伍中的一分子。既民主又兼顾效率，可以说是最理想的领导作风！不过实践中很难把握住民主与集中的最佳结合点哦。

心理贴士

任何一个管理者都会有自己独特的管理风格存在，每种管理风格也都有自己的优点和弊端。认清自己属于哪种管理风格，并辨别清楚这种管理风格的优点与不足，才能扬长避短，发挥出自己最强的管理效用。

## 管理效率的测试

### 情景测试

你应聘到一家新成立的公司当领导，在上任这天的会议上，你想提出一些解决工作中烦恼问题的好方法。这时候，你第一件要做的是什么呢？

A.起草一个议事日程，以便充分利用和大家在一起讨论的时间

B.给人们一定的时间相互了解

C.让每一个人说出如何解决问题的想法

D.采用一种创造性地发表意见的形式，鼓励每一个人说出此时进入他脑子里的任何想法，而不管该想法有多疯狂。

## 完全解析

选择A：你的工作态度雷厉风行，一旦有决定，就会不顾实际困难迎头直上。虽然勇气可嘉，对一些小问题如披荆斩棘，但面对大问题，可能会令你的团队因为缺乏沟通，反而降低工作效率！

选择B：你深刻知道“磨刀不误砍柴工”的道理。确实，当一个组织的成员之间关系融洽，每一个人都感到心情舒畅时，组织的工作效率才会达到最高。在这种情况下，大家才能自由地作出他们最大的贡献。

选择C：你的民主作风让人欣赏，不过太过民主的做法本身有违效率的目标。

选择D：你喜欢不拘常态的工作方式，对于每种工作方式都会追求尝新。不过在这种新鲜的变化过程中，又会因为缺乏连续性而在执行任务的过程中出现问题，工作效率也会因此而受到影响。

### 心理贴士

管理完全没有效率是绝对不可能的，没有效率的管理是不可能长久存在的，就像没有生命力的肌体必然会走向死亡一样。管理的效率是衡量管理者成绩优劣的一大标准，最大程度上提高自己的管理效率，是每个管理者追求的目标。

# 你是否是个优秀的决策者

## 情景测试

对于一位领导者而言，想要做出业绩，取得非凡成就，毫无疑问需要具备多方面卓越能力。但是相比其他方面能力来说，决策力是重中之重。为什么这么说呢？其实道理非常简单：决策是团队管理的起点，同时也是团队兴衰存亡的支撑点，更是影响领导者业绩和团队命运的关键点。那么，想成为领导者的你是否具有决策力呢？身为领导者的你是否又是一个优秀的领导者呢？做完下面的测试你就会知道了。

1.你的分析能力如何？

A.我喜欢通盘考虑，不喜欢在细节上考虑太多

B.我喜欢先做好计划，然后根据计划行事

C.认真考虑每件事，尽可能地延迟应答

2.你能迅速地作出决定吗？

A.我能迅速地作出决定，而且不后悔

B.我需要时间，不过我最后一定能作出决定

C.我需要慢慢来，如果不这样的话，我通常会把事情搞得一团糟

3.进行一项艰难的决策时，你有多高的热情？

A.我做好了一切准备，无论结果怎样，我都可以接受

B.如果是必须的，我会做，但我并不欣赏这一过程

C.一般情况下，我都会避免这种情况，我认为最终都会有结果的

4.你有多恋旧？

A.买了新衣服，就会捐出旧衣服

B.旧衣服有感情价值，我会保留一部分

C.我还有高中时代的衣服，我会保留一切

5.如果出现问题，你会：

A.立即道歉，并承担责任

B.找借口，说是失控了

C.责怪别人，说主意不是我出的

6.如果你的决定遭到了大家的反对，你的感觉如何？

A.我知道如何捍卫自己的观点，而且通常我依然可以和他们做朋友

B.首先我会试图维持大家之间的和平状态，并希望他们能理解

C.这种情况下，我通常会听别人的

7.在别人眼里你是一个乐观的人吗？

A.朋友叫我“拉拉队长”，他们很依赖我

B.我努力做到乐观，不过有时候，我还是很悲观

C.我的角色通常是“恶魔鼓吹者”，我很现实

8.你喜欢冒险吗？

A.我喜欢冒险，这是生活中比较有意义的事

B.我喜欢偶尔冒冒险，不过我需要好好考虑一下

C.不能确定，如果没有必要，我为什么要冒险呢

9.你有多独立？

A.我不在乎一个人住，我喜欢自己做决定

B.我更喜欢和别人一起住，我乐于做出让步

C.我的配偶做大部分的决定，我不喜欢参与

10.让自己符合别人的期望，对你来讲有多重要？

A.不是很重要，我首先要对自己负责

B.通常我会努力满足他们，不过我也有自己的底线

C.非常重要，我不能贸然失去与他们的合作

## 计分方法

选A得10分；选B得5分；选C得1分。最后计算总分。

## 完全解析

24分以下：决策力差。你现在的决策对你的职场开拓来讲是一种障碍。你有很多地方需要改进：太喜欢取悦别人、分析性过强、容易依赖别人、因为畏惧而退却、因为障碍而放弃、害怕失败、害怕冒险、无力对后果负责。每题的A选项代表了一个有效的决策者所需要的技巧和行为。做一个表，列出改进你决策方式的办法，同时，考虑阅读一些有关决策力的书籍或咨询专业顾问。

25～49分：决策力中下。你的决策方式可能比较缓慢，而且这会影响到你开拓职场。你需要改进的地方主要有：太在乎别人的看法和想法，把注意力集中于别人的观点之上，做决策时畏畏缩缩，甚至不敢对后果负责。如果是这样的，就需要你调整自己的心态并做一个表列出改进你决策方式

的办法。

50～74分：决策力一般。你有成为一个好的决策者的潜力，不过你也存在一些需要克服的弱点。要确定自己的哪些方面有待改进。你可以重新看看题目，把你的答案和A选项进行对照。做一个表，列出改进你决策方式的办法。

75～99分：决策力不错。你是个相当有效率的决策者，虽然有时你会遇到一些思想上的障碍，减缓你前进的步伐，但是你有足够的精神力量继续前进，并能为你的生活带来变化。不过，前进的道路上你需要随时警惕障碍的出现，充分发挥你的力量。

总分100：很棒。非常完美的分数！你的决策方式对于你开拓职场是一笔真正的财富。

### 心理贴士

决策一词的意思就是一个人为了达到某个目标，采用一定的科学方法与手段，从两个以上的方案中选择一个较为满意方案的分析判断过程。管理就是决策，指的是通过分析、比较，在若干种可供选择的方案中选定最优方案的一个过程。

## 在团队中你适合扮演什么角色

### 情景测试

阳光灿烂，我们相邀一起去水上公园划船！公园的草坪上有很多可爱的小朋友，其中有一个小女孩手里举着一个大红气球。一切看起来和谐而美妙！正当你觉得眼前的一切都非常美好的时候，突然，小女孩的手一松，气球居然从她手中飞走了！你觉得气球最后会怎样呢？

A.会有一位大人帮她把气球追回来

B.被鸟戳破

C.挂在树枝上

D.到高空里不见了

**完全解析**

选择A：你在团队中通常扮演着妹妹般的角色，在集体里很受众人疼爱。你可以继续发挥这种长处，让更多人喜欢你。

选择B：你在团队里话不多，但是心思缜密，只要一开口，意见就会很受重视。建议你继续保持优势，少说无谓的话，让自己显得更有权威感。

选择C：你是领导者的材料，你的高瞻远瞩受众人信赖。你应该继续引领大家走下去，因为很多人都把你当作是一种倚靠。

选择D：你富有创意与灵感，在团队中，你适合负责企划方面的事务。你的想象力和创造力往往与众不同，使得大家非常吃惊！

**心理贴士**

每个人都有自己的优势和特长，有些人很清楚自己身上的这些特质，有些人还不是很了解。每个人都应该在自己的工作过程中不断去发现和认识自己，这样才可以寻找到最适合自己的位置。

## 你是否有独立做老板的潜质

**情景测试**

你是否野心勃勃想创立一番事业，又在担心自己是不是有足够的能力去开创这样的事业？如果你是个希望自己当老板的人，那么就可以看看下面的这些测试，也许可以给你一个明确的判断。

正逢经济不景气，公司发生了一点财务危机，已经一个月没发放薪水了，这时候你会怎么办？

A.立刻辞职

B.要求老板立刻补发薪水

C.试图跟老板商量，请求至少发一半薪水

D.再忍一个月看看行情再说

**完全解析**

选择A：你野心勃勃，随时都在寻找良机。你的观念十分简单，一切以自己的最高利益为上，只要认为自己的实力不比别人差，对于创业你就会跃跃欲试。你将来很有可能成为运筹帷幄、一统大局的领导人物。

选择B：你默默忍受着上班的苦楚，那是因为你自知目前一切条件都还不成熟。一旦时机成熟，你就会全力追求属于自己的事业。在未来的发展中，你的耐力会使你成为不可小视的关键人物，尤其是在出现危机时！

选择C：你有着身兼数职的本领，不甘心一辈子守着一项本职工作，因而你在公司之外还有自己其他的事业。两边都要抓是你的基本立场，一旦不能兼得，你会考虑得失后决定是否辞职。与其待在小公司里面当职员，还不如另辟蹊径，开拓自己的领域。

选择D：求稳求好是你的终极目标，对你而言，安定胜过一切。如果公司的前景尚不明朗，你一般会选择继续留守一段时间，静观其变；如果没有什么突发事件，你一般不会选择辞职，因为你不敢独自承担事业经营的风险。如果一直没有创新的想法的话，你可能也甘心一辈子做小职员啦！

**心理贴士**

创业很像为人父母，你不但要在感情上和财务上为自己的企业做充足准备，还必须满足它持续不断的需求，直到它足够成熟能自行运转。即便到了那个时候（很像长大的孩子），它仍然总是需要你投入一定的精力，无论它有多么成熟。

## 心理学知识：愿景

愿景是我们一直都在为之奋斗并且希望达到的图景，是一种意愿的表达。愿景概括了未来目标、使命和核心价值，属于哲学中最核心的内容，是最终希望实现的图景。愿景有几种类型：

集成式愿景。振臂一呼，应者云集，有相同个人愿景的人组成一个团体，在团体中进一步实现共同愿景的构建，就被称为集成式愿景。许多协会和团体共同愿景的建立就属于这种类型。招聘新员工时，不仅注重素质和能力，同时强调个人发展及个人愿景与组织愿景的匹配性，也可以说是通过集成式路径建立组织共同愿景的方式。

凝练式愿景。凝练式愿景是挖掘出大家心灵深处的共同意象进行凝练，然后构建共同愿景。它的特点是“从群众中来，到群众中去”，适用于那些组织成员同质性很强且积极面向未来的组织。

影响式愿景。影响式愿景的途径说的主要是从个人愿景建立共同愿景。从个人愿景到建立共同愿景，并不是说一定要从组织最高首领的个人愿景到组织的共同愿景，也可以借助于前辈或者借助于外部。但通常情况下，基于一个组织领导者的地位和作用，构建共同愿景常见的情况确实一般是从决策核心层发起，尤其那些希望构建共同愿景，而从前没有共同愿景或不注重共同愿景构建的组织，更是如此。

建立共同愿景不能靠强制性的命令，或者明文规定，只能靠周而复始的沟通和分享。大家必须认识到，不断的强势宣传也是可取的方式之一，但任何强迫和勉强性的举措都可能会适得其反。建立共同愿景不是解决某一具体问题，它也不是一种形式性的东西，而是必须组织各级管理者和全体员工一起，全过程、全方法、全方位地将共同愿景贯彻落实在生产经营和工作的各个方面。

## 心理学知识：服从

服从指的是个体接受群体影响之后作出的最为常见的行为反应之一。个体服从于群体，主要有以下三个原因：

第一，传统的教育塑造出个体的服从意识。就像在家庭中，我们很小的时候就开始潜移默化地接受了大人灌输的服从意识。听话的孩子就能得到父母给予的物质以及情感的满足，这成为强化因素，对孩子今后的心理发展起了导向作用。之后，这种服从意识又经学校以及工作单位的进一步强化，使其成为成年人的一种习惯。

第二，群体的规范与准则来迫使个体服从。任何一个相对稳定的群体都要求成员遵守它的行为规范和准则。当个体加入某一群体后，其言行须与群体组织的标准达成一致，这是群体对个体的影响与制约。而个体就在长期服从规范和准则中，慢慢调控与改变自己，使自己与群体其他成员相一致。

第三，群体约定俗成的惯例或是权威人士的影响力迫使个体服从。职位高、权力大、手中掌握奖励和惩罚行事权的领导更是如此，更加容易使下属采取服从行为。在这种情况下，服从者多半是基于获得某种物质的或精神上的满足或者避免惩罚而表现出行为。

## 心理学知识：感染

群体的工作氛围会对个体工作产生制约，实质上也体现出了感染作用，也就是说个人在群体气氛的感染之下会自觉地调整自己。不过，感染多半是在润物细无声中进行的。在群体气氛影响之下，个体会不自觉地受到感染，慢慢使自己的行为与群体成员达成一致。

感染首先体现在情感的共鸣上，然后表现出相应的行为与活动。人际间的感染取决于彼此间在经验或者体验上的相似性。相似性越大，共同点就越多，也就容易相互感染。感染也取决于情感强度，强烈事件引起的情感活动具有动人心魄的感染力，容易在群体成员中产生连续性情感反应，连原本无动于衷的成员也情不自禁地接受影响，以至整个群体作出相同的情感反应，产生相似的行为举止。例如，群体中的某一成员家中遭到了不幸事件，哀伤与悲恸感染到其他成员，大多数成员作出同情情绪反应。在这种群体情绪感染下，即使某些与受害者原本有矛盾的成员也可能一反常态，给受害者以安慰、劝说或者给予钱、物支援。

感染会产生积极作用，也可能产生消极作用，这就取决于感染源的性质还有其群体成员的理智分析和判断。不同的感染源能够激起不同的情绪状态：充满激情的演讲会让人们群情激昂，消极悲观的诉说会让人们情绪低落。当然，感染反应主要取决于接受者对感染源的分析和理解，即使面对相同的感染源，不同的人往往会产生不同的行为反应。

人处在群体中，多多少少受到群体气氛和情绪状态的感染。感染可以通过缓慢的潜移默化的形式，也可以在情景诱发下采取较为激烈、冲动的形式。健康有益的感染源能使个体趋同于群体，从而增强群体的凝聚力；反之，有害的感染源在群体成员中扩散，导致群体涣散，离心离德，处于失控状况。因此，我们要积极培养良好的个性品质，增强自身的分析、判断能力，善于辨识感染源，接受具有积极意义的感染，而拒绝具有消极意义的感染。

# 你的未来有多少发展空间

人往高处走，水往低处流，每个人都希望自己可以在自己的岗位上作出一些贡献，将来可以有更好的前途。但是，升迁不光是靠自己的努力，有时候还需要天时地利人和等各种条件，条件够了，事才能成。

## 你会不会成为大人物

### 情景测试

你梦想过成为大人物吗？俗话说，“一块砖头都希望自己可以出人头地”，所以差不多每个人都想自己能够成为大人物，但是，你有这种本事吗？来测试一下吧。

如果你一时失业，只能找到下列临时的工作，你会选择哪一种？

A.卖玉兰花

B.捡破烂

C.倒垃圾

### 完全解析

选择A：你比较踏实，会梦想成真，等待合适的机会让自己变成大人物：这种人一步一个脚印，有梦想，而且梦想并不遥远，会不断努力，等待出人头地的机会。

选择B：你不爱出风头，安于现状，现在还是个小角色，要想成为大人物，你还得继续努力：这种人不爱出风头，对现在的平淡生活比较满意，觉得当小人物也很有乐趣。

选择C：你做梦都想成为大人物，总是会将自己调整到最佳状态，不断创造并抓住机会，绝对有成为大人物的本事：这种人比较爱冒险，很有企图，一有机会绝不放过，还会创造机会展现自己最好的一面。

**心理贴士**

俗话说，不想当将军的士兵不是好士兵，几乎每个人都希望能够出人头地，衣锦还乡，但是出人头地并没有那么简单，首先要自己有能力，还得有天时地利人和，缺一不可。如果你想出人头地，不妨先看看自己目前跟成功人士有什么差距，有什么需要做的。

## 牛肉面店的测试

### 情景测试

牛肉面店什么都卖，到牛肉面店不见得就要吃牛肉面。根据你的印象，你较喜欢或是点哪一种餐点次数较多呢？从你吃的习惯可以看出你对工作和生活的态度：

A.牛肉面

B.牛肉汤面

C.榨菜肉丝面

D.水饺

E.阳春面再点些小菜

### 完全解析

选择A：你个性外向，信心爆棚，也有自恋的倾向，工作上你也积极向上，力求表现。对待朋友你也非常热情，但是在爱情上不够专一。

选择B：你很有主见，不随大流。工作上你坚守本分，不会多做其他无所谓的事。你比较看重朋友的质量而不是数量，对待情人也是比较严格，但是会对对方忠贞。

选择C：你有自己的品位格调，也懂得享受人生。工作只是为了养家糊口，生活中还有很多乐趣。你会跟志同道合的朋友腻在一起。不会刻意追逐爱情，相信缘分。

选择D：你很乐观开朗，也很容易跟随潮流。经常会有些出其不意的念头，会让你工作上获得升迁。你对朋友比较热情，不喜欢心机太重的人。

选择E：你很随性，讨厌世俗的羁绊。在工作上你容易跟同事提出相反意见，会被认为比较随便，你很容易发展一段友情，也很容易舍弃，这样的你自然也不会对爱情忠贞。

心理贴士

爱好往往能反映一个人的个性，以及他的工作和生活的各种态度。职场中的竞争比较激烈，人人都削尖了脑袋想要成为人上之人，而你要是想获得发展，取得比别人更大的成就，就得学会表现自己，抓住机会。

## 工作七味

### 情景测试

每个人都有自己的气场，每个人都有自己的味道，想知道你在工作中是什么味道吗？做个小测试吧。

试试看你是哪种味道：

1.以下哪一种比较接近你？

对自己和他人都不严格→2

对自己宽松，对他人严格→3

对他人和自己都严格→4

对自己严格，对他人宽松→5

2.考试前，常常清理房间或看小说？

是→6

否→7

3.目前为止，你曾试过让座超过10次以上？

是→6

否→8

4.你是属于很容易被骗型？

是→9

否→7

5.你可否马上说出一样想要的东西？

是→9

否→8

6.你曾有过对任何事都充满好奇心的时期吗？

有→10

没有→12

7.若可以回到过去，想回到什么时候？

10年前→14

5年前→11

8.以下两种态度，哪种较接近你？

今日的事，今日毕→13

明天的事，明天做→12

9.你相当善于与人交际？

是→14

否→13

10.你的房间里有盆栽吗？

有→15

没有→16

11.你很不会跟别人吵架？

是→17

否→16

12.可以让你看到日出的原因是？

彻夜没睡→18

很早起→17

13.你曾经故意对喜欢的人冷淡?

是→18

否→19

14.同样的话曾经说过好几次?

是→20

否→19

15.你是否不太喜欢照相?

是→B类型

否→A类型

16.你外表看起来比实际年龄年轻?

是→C类型

否→B类型

17.你最近并没有真心地笑过?

是→E类型

否→C类型

18.有机会，你想去?

伦敦或巴黎→E类型

夏威夷或关岛→D类型

19.你喜欢做让人惊喜的事吗?

喜欢→F类型

不喜欢→G类型

20.你曾把已有恋人的人抢过来?

是→G类型

否→F类型

## 完全解析

A类型：甜味。一般来说，你个性温和又体贴，大家都很喜欢跟你交朋友。你过着比较顺利的日子，很有可能非常幸福。你比较受重视，常常有很多人依赖你，但有时会被别人看轻，觉得你软弱好欺负。在现代社会，特别是对想要成功的人来说，要敢于拒绝别人。

B类型：辣味。你总是让人觉得很“辣”，经常打扮得时髦亮丽，想引起别人注意。不过由于太过前卫，可能会让人觉得很难接近。所以最好能够收敛一下，特别是在出席一些较为正式的场合时。虽然充满活力并不是什么坏事，但是并不是所有人都和你一样，所以你要注意一些。

C类型：酸味。你个性比较爽朗，但是有时候会让人觉得“酸”，所以会给人一种很难相处的感觉，不过这些都是假象，你还是比较容易相处的，给人的印象也不错。

D类型：苦味。你的个性既严格又温柔，虽然表面上看起来很好说话，但是内心比较固执，不爱迎合别人，所以很容易引起别人的反感。其实，有时候也要适当作出一些让步，如果能够配合别人改变你的方式，也许会赢得别人尊重。

E类型：涩味。你既老实又朴素，刚接触的时候可能觉得寡淡无味，但是时间久了就能有一些意外的收获。你比较有想法，虽然不会大出风头，但是生活也比较幸福。如果可以充分发挥自己的特质，就会出人头地。

F类型：酱味。你是很能自我控制的复合型个性的人，做事比较有弹性。至于为何是酱味，可能就是因为酱中包含甜味或辣味的原因吧！你的内涵要比外表更美，所以接触得越多，就越招人喜欢。

G类型：呛味。你精力充沛、热情洋溢，但是有时候爱强迫别人，想把自己的意图加到别人身上。甚至会因此与别人争执起来。可是反过来说，这也是具有决策力及行动力的领导人物所拥有的特质。一定要记住，在表现自己的同时也要为别人考虑。

心理贴士

一个人在工作中的味道可以体现出一个人的工作态度，而工作态度又能决定一个人可以在职场中爬到什么位置上去。如果你有什么缺点和不足，就要及时改正，好让自己的职场之路更加平坦。

## 情愿不情愿，适合不适合

### 情景测试

随着教育的普及和互联网时代的到来，每个人都能根据自己的能力和性格爱好选择合适的工作，而适合自己的职业是事业成功的条件。心理学研究表明，在符合自己心意的工作岗位上工作，比在自己不情愿的岗位上工作更容易有所成就和建树。

下面提供一套问卷，旨在帮助你了解你适合做什么工作和现在的工作是否适合你。

1.你在上班的时候看钟吗？

A.经常看

B.在偷懒的时候才会看

C.从来不看

2.当星期一的早晨来临时，你会：

A.觉得马上就能重新回到工作岗位

B.热切盼望摔断一条腿，好躺在医院

C.觉得不愿意开始工作，但是过了一个小时左右之后，就能很开心地进入例行的工作中

3.到了快下班的时候，你的感觉如何？

A.累得要死，什么事情也不能做

B.感到高兴，因为终于能开始过自己的生活了

C.有时觉得疲惫，不过通常都感到非常满足

4.你是否担心你的工作？

A.偶尔　　B.从来没有　C.经常

5.你认为你的工作：

A.对自己是英雄无用武之地

B.你做起来很吃力

C.使你发挥了潜力，做了以前从没有想过自己能做的事情

6.你在上班时，有多少时间是花在打私人电话，或者其他和工作无关的事情上？

A.很少

B.有时候，而且大多数都是在我私人的生活中，有紧急事情发生的时候

C.时常

7.你是否幻想自己从事一个不同于现在的工作？

A.很少

B.不是不同的工作，而是同一类的工作中较高的职位

C.是的，我幻想过

8.你认为你对目前的工作：

A.大部分时间都觉得很能胜任

B.有时候觉得能胜任

C.觉得惶恐，而且多半时候无法胜任

9.你觉得：

A.你喜欢你的同事，而且尊重他们

B.你讨厌你的同事

C.你对于同事的态度很冷漠

10.下列那一句最适合你？

A.我并不想学和我工作有关的事情

B.在我刚刚上班的时候，非常喜欢学习我的工作

C.我希望尽量学习更多和工作有关的事情

11.指出下列哪些项目是你最大的优点?

幽默　　冷静　　魅力

同情心　　创造力　　专门技术

记忆力强　　思路清晰　　注意力集中　　精力充沛

12.请指出上述哪些优点是你工作中需要的?

13.下列观点中，你最赞成哪一个?

A.工作只是让你赚足了钱，以维持生活的一种手段而已

B.工作主要是一种赚钱的手段。不过，如果可能应当找自己喜欢的工作

C.工作是生活的全部

14.你加班吗?

A.只在有加班费的时候

B.从来没有过

C.经常，即使没有加班费

15.去年你请过假吗?（例行假日或者病假不算）

A.没有请过假

B.只请过几天假

C.时常请假

16.你认为你是?

A.非常有野心的人

B.淡泊名利的人

C.有点野心的人

17.你认为你的同事是?

A.喜欢你，乐于与你为伴，而且通常相处得很好

B.不喜欢你

C.并不讨厌你，但是并不是特别友善

18.你：

A.只跟同事谈自己的工作情形

B.也和朋友或者家人谈你的工作情况

C.尽量避免和别人谈自己的工作情形

19.你是否患上轻微或者莫名的病痛，而且隐隐作痛

A.很少　B.不经常的　C.时常

20.你是怎么选择你目前的工作的？

A.父母或者老师为你决定的

B.你所能找到的只有这种工作

C.目前这种工作似乎适合你来做

21.工作和家庭发生冲突和矛盾时，通常何者会赢？

A.每次都是家庭赢

B.每次都是工作赢

C.真正紧急时是家庭赢，否则可能都是工作赢

22.假如薪水少了三分之一，你还会乐意做同样的工作吗？

A.会的　B.心里愿意，可是办不到　C.不会

23.假如公司裁员把你给裁掉了，下面哪一项是你最怀念的？

A.那份薪水　B.工作本身　C.同事

24.你会不会为了去玩，就请一天假不去上班？

A.会　B.不会　C.可能会

25.你是否觉得工作上不受重视？

A.偶尔　B.经常　C.很少

26.对于你的工作，你最讨厌的是什么？

A.时间不是自己的　B.无聊　C.你经常无法按照自觉的方式做事情

27.你是否把私人的生活和工作划开界限？

A.很严格地划开

B.大部分时间划开，不过有时还会混在一起

C.丝毫不分

28.你会不会劝自己的孩子将来从事你这一行？

A.会，假如他具有这方面的才能和倾向。

B.不会，你会劝他别干这一行

C.你不会游说他干这一行，但是也不会泼他冷水，教他别做

29.假如你突然赢得了一笔数目庞大的钱财，你会：

A.这辈子再也不做事了

B.换一份工作

C.决定留在现在的工作岗位

## 计分方法

| 题号<br>得分<br>选项 | 1 | 2 | 3 | 4 | 5 | 6 | 7 | 8 | 9 | 10 | 11 | 12 | 13 | 14 | 15 |
|---|---|---|---|---|---|---|---|---|---|---|---|---|---|---|---|
| A | 1 | 5 | 3 | 5 | 1 | 5 | 5 | 5 | 5 | 1 | 这两项中的优点，每有一项符合就加5分 | | 1 | 3 | 5 |
| B | 3 | 1 | 1 | 3 | 3 | 3 | 3 | 3 | 3 | 3 | | | 3 | 1 | 3 |
| C | 5 | 3 | 5 | 1 | 5 | 1 | 1 | 1 | 1 | 5 | | | 5 | 5 | 1 |
| 题号<br>得分<br>选项 | 16 | 17 | 18 | 19 | 20 | 21 | 22 | 23 | 24 | 25 | 26 | 27 | 28 | 29 | |
| A | 5 | 5 | 3 | 5 | 3 | 1 | 5 | 1 | 1 | 3 | 3 | 1 | 5 | 1 | |
| B | 1 | 1 | 5 | 3 | 1 | 5 | 3 | 5 | 5 | 1 | 1 | 3 | 1 | 3 | |
| C | 3 | 3 | 1 | 1 | 5 | 3 | 1 | 3 | 3 | 5 | 5 | 5 | 3 | 5 | |

## 完全解析

总分会在30～195分之间，这个范围比较大。分数越高，表示你对自己的工作越满意，就根据得分情况来了解自己的工作适合与否吧。

30～50分：这个分数范围实在低得可以，就你目前的工作来说，极不适

合。假如你已过知天命之年，就说明你想升职却没成功，所以对于这个工作很气馁。如果是这样，也许等你退休了才会快乐。如果你得分还不到50分，最好面对现实，另谋更愉快的工作。

51～84分：你似乎不是很满意现在的工作，也许是你入错了行，或者你不喜欢现在的工作。这些原因可能导致现在的工作限制了你的自由，或者让你无法发挥自己的才能，所以你才会不停地抱怨。你应该想想能不能找到比较合适的工作，如果你只是讨厌现在的老板或者同事，那你只换一家公司就可以，不需要换行。新的环境也许能给你新的开始，不会觉得每天都像星期一那样难熬。

85～144分：得这个分的人比较中庸，也许你觉得现在的工作比较适合你，虽然你可能觉得目前的工资并不是很令人满意，而且如果换个行业可能会获得更好的发展。另外，你可能对你的人际关系比较满意，跟同事相处融洽。

145～175分：对你来说，工作是很重要的，你对现在的工作很满足，确切地说，你从工作中找到了自己。不管做什么工作，你都会有很好的表现，如果换个工作，你也会接受挑战，而且也会有所成就。

175分以上：说实话，这个分数有点太高了，它说明工作也许已经变成了你的神，请你静下来想一想，你是不是有点太看重工作了？你是不是太关注工作而忽视了别的事情？如果你能够看淡一点，也许工作会让你有更多乐趣。

## 心理贴士

一个人的大部分时间都是在工作中度过的，一个人的成功和价值也是在工作中体现出来的。所以，选择什么样的职业，在工作中的态度，就代表了一个人的价值取向和发展方向。如果你对现在的工作很满意，大可以继续努力，干出一番事业；如果你对现在的工作不满意，不如及早撤退，以免耽误时间。

# 性格和职业

## 情景测试

性格具有一定的稳定性，但又不是一成不变的。客观环境的变化和个人的主观调节都会使性格发生改变，所以性格与职业生涯的匹配也并非绝对，而是具有一定弹性的。

你是哪种性格，适合做哪种工作呢？快来测试一下吧！

**第一组**

1.就我的性格而言，我喜欢同年轻人而不是年龄大的人在一起。

2.我心目中的丈夫（妻子）应该具有与众不同的见解和活跃的思想。

3.我对于别人求助我的事情总是乐于帮忙。

4.我做事情考虑较多的是速度和数量而不是在精雕细琢上下功夫。

5.总之，我喜欢这个新鲜的概念，例如新环境、新旅游景点、新朋友等。

6.我讨厌寂寞，希望和大家在一起。

7.我读书的时候喜欢语文课。

8.我喜欢改变某些生活惯例，以使自己有充裕的时间。

9.我不喜欢那些琐碎零散的事情。

10.我进入招聘职员经理室，经理抬头看了我一眼，说声请坐，然后就埋头阅读他的文件不再理我，可我看见旁边并没有座位，这时我没有站在那里等，而是悄悄搬来个椅子坐下等经理说话。

**第二组**

11.我读书的时候很喜欢数学课。

12.看了一场电影、戏剧后，喜欢独自思考其内容，而不是喜欢与别人一起讨论。

13.我书写整齐，很少有错别字。

14.不喜欢读长篇小说，喜欢读论文、小品或者散文。

15.业余时间我爱做智力测验、智力游戏一类题目。

16.墙上的画挂歪了，我看着不舒服，总想把它扶正。

17.收录机、电视机出了故障，总喜欢自己动手摆弄、修理。

18.做事情喜欢做得精益求精。

19.我对一种服装的评价是看它的设计而不大关心是否流行。

20.我对经济开支能控制，很少有“月初松、月底空”的现象。

## 计分方法

从第一题起依次划出是与否的答案。然后算出两组各有几个是。比较两组答案，如果第一组中答“是”比第二组多为A类型。第二组回答“是”比第一组多为B类型。如果两组回答“是”大致相等为C类型。

## 完全解析

A类型：你最大的优势是思维活跃，跟别人的人际关系比较好。你喜欢让别人去实现自己的想法，或是让大家来共同实现。你比较适合做推销员、采购员、服务员、人事干部、记者、演员、宣传机构的工作人员，等等。

B类型：你最大的优势是很有耐心，肯钻研。你比较适合做技术人员、律师、工程师、编辑、医生、会计师、科学工作等职业。

C类型：你身上兼具AB两种人的长处，不但可以独立思考，还可以维持良好的人际关系。你比较适合做教师、理发师、美容师、讲师、护士、秘书、各类管理人员等。

### 心理贴士

性格内向的人，适合稳定的工作；性格活泼的人，适合有挑战性的工作；有的人适合与物打交道，有的则擅长与人打交道。虽然每个人的性格都不相同，但是其中也含有一定的共性。通过分析这种共性，你就可以找到最适合自己的工作。

# 坚持到底还是跳槽？

## 情景测试

很多人都会对自己的工作迷惑不已：到底是该坚持下去，还是换个工作呢？其实，在换工作之前，最好找出哪种工作适合自己，以免跳来跳去还是个错。你想知道什么工作适合你吗？来做个测试吧！

1.听说难得一见的流星雨要来了，你的反应是：

A.没有兴趣，连看都懒得看

B.有点好奇，但看看新闻转播就满足了

C.是追星一族，当然要留下珍贵的回忆

2.你平时多久去逛一次百货公司？

A.好像是有好几年没去了

B.不会主动去，路上经过时会进去看看

C.闲着没事就可能会去那里逛逛

3.你对音乐的态度如何？

A.只喜欢听某一类音乐

B.凭感觉，有些歌一听就会马上喜欢

C.很多歌都是要听几遍之后才会喜欢

4.你对常用的交通工具有上锁的习惯吗？

A.会加上好几道锁，担心治安不好

B.会另外加装一道安全锁，求个心安

C.只用基本配锁，觉得自己不会那么倒霉

5.你闲来无事时会出去散步吗？

A.会的，不过多半在附近绕圈子

B.会跑去比较远、平常较少去的地方

C.喜欢跑到从来没去过的地方冒险

6.你平均每天到工作地点的时间约需多久？

A.10分钟以内

B.10～30分钟左右

C.超过半小时以上

7.你一早起来是否会有不去公司的想法？

A.难免，但次数不太多

B.次数算算还不少，跟心情好坏有很大的关系

C.只有阴雨天才会不想去公司

8.你平常是否有饲养宠物的习惯？

A.我超级喜欢小动物

B.我喜欢养宠物，只是它们的一些小毛病会让我觉得麻烦

C.我很少或从来没养过宠物

9.如果可以在金茂大厦租个楼层来工作，你会选择：

A.50层，没人打扰，而且视野不错

B.当然是最高层，喜欢站在最高点的感觉

C.一楼，进出会比较方便

10.你洗澡时通常从哪个地方开始涂肥皂？

A.先从脸开始

B.从胸部开始

C.从个人私密处开始

## 计分方法

选A得1分，选B得3分，选C得5分，最后计算总分。

## 完全解析

**20分以下：真材实料型**

你缺乏开拓能力和创新能力，很难有适合你的工作。但你责任心很强，一旦决定要做一件事，就会竭尽全力把它做好。你在工作时比较热情，尽职尽责。所以，只要你坚持到底，深入研究自己喜欢的专业，就一定会成功。

**20～30分：老谋深算型**

你很有城府，知道怎么避重就轻，懂得通过包装自己来掩饰工作上的小缺点。你之所以能够在工作环境中如鱼得水，有一个重要的原因就是你广结人脉。有了这些人脉和这样的性格，你会在职场中风生水起，也能够获得晋升。你除了打工，还可以做生意。

**30～40分：脱颖而出型**

你很有主见，但是很难找到与自己志同道合的人，有时候就是功亏一篑，却不知道到底是哪里出了纰漏。其实，你只是缺少神来一笔的启发。你平时可以多做做功课，不断提高自己，就能在好机会到来时抓住它。

**40分以上：创意天才型**

也许你的专业能力并不是很出色，但是你的创意能力完全能够弥补这一缺陷。你十分胜任目前的工作，却总认为这份工作无法让你充分施展自己的才能，所以总是在不断寻找机会。你适合从事设计类或者艺术类工作。

**心理贴士**

工作有很多种，人也有很多，因而就会有不同的性格。没有人可以适合任何工作，既然这样，不如趁早找一个适合自己的工作，然后朝着自己的目标不断奋斗下去，总有一天会成功。

## 职场压强测试

**情景测试**

你有没有觉得加班的时间越来越晚了？有没有觉得手里的工作越来越难了？也许是你的工作压力太大了。通过下面这个心理测试，你就能知道自己到底是不是工作压力太大了。

请你逐项回答“是”或“否”。

1.曾感到眼前一片黑暗，突然看不清楚

2.常常感到肩、颈部酸痛

3.曾有心悸现象

4.一爬楼梯就气喘不已

5.即使是在夏天，手脚依然冰凉

6.食欲不佳，吃什么都觉得不合胃口

7.饭后感到心窝处疼痛，且有想呕吐现象

8.精神一紧张，就易拉肚子

9.经常便秘

10.皮肤粗糙

11.每晚不易入睡，常失眠

12.经常感到头重，且有严重头疼

13.身体会突然发烫或怕冷

14.坐在拥挤的公共汽车上，常出现眩晕

15.身体有某种过敏症状

16.身体常感到发麻和疼痛

17.每逢月经时痛得要请病假

18.曾患过膀胱炎

19.手脚或全身感到松软无力

20.工作时容易疲劳，以致工作效率不高

21.上司在旁盯看，就无法自在地做好事情

22.很怕在众人面前讲话

23.必须立刻办妥的事，一急就忙得不知所措

24.常常歪曲他人的话

25.每当要做出选择时，常常无法做出决定

26.给人的印象是迟钝，不够灵活

27.即使和大伙在一起，仍觉得很孤独

28.容易计较小事，常常弄得心情郁闷

29.常把事情往坏处想

30.容易因小事生气

31.非常在乎他人对自己的评价

32.置身于陌生的人群中，就会紧张害怕

33.常常焦虑不安

34.精神常处于紧张状态

35.没什么朋友

36.不易感动，感情变得冷漠

37.早上不易起床

38.常被人误解

39.无故地陷于不安

40.常常感到自己“很差劲”，甚至会自我厌恶

## 计分方法

答“是”得1分，答“否”得0分。

## 完全解析

28分以上：压力100%。你的身心压力正处于危险状态，应该立刻去看医生，并努力改善生活环境，把一切都放到一边，保证充足的睡眠和均衡的营养，放松身心。

20~27分：压力70%。若前半部分的问题回答多为“是”，也许身体的某部位已经出现了毛病，最好多吃一些猪肉、肝等含维生素B类的食物。对后半部分回答多为“是”，最好不要太忙于工作，应该多放松一下，比如散步、打拳或者淋浴等，减轻压力。

12～19分：压力50%。你的身体虽然没有什么明显的不适，但是健康状况不是很好。最好能够均衡营养，不要偏食，下班后就要放松，不要想着工作的事情。就算只是看看天，也可以放松。

11分以下：压力20%。现代的生活节奏很快，压力是免不了的，不过，你精力还比较充沛，富有朝气，生活愉快。为了继续保持这种状态，必须

保证充足的睡眠，摄入足够的营养，放宽心，不要太拘泥于小节。

**心理贴士**

为了生活，每个人都要工作，在工作中也会面对很多的压力。适当的压力是有好处的，可以提高人的效率，让人充满斗志。但是如果压力过大，就会影响工作，甚至是身体健康，所以既要学会保持适当的压力，又要学会释放压力。

## 专注力测试

### 情景测试

你最近工作状况好吗？曾有科学家分析，一般人的专心程度是和成功成正比的，所以工作的时候努力工作，玩的时候轻松去玩，这应该是最好的人生座右铭。现在就以一个简单的问题，来测试一下你的工作态度。

许久没有背上钓竿了，今天如果正巧有伙伴一同去钓鱼，你会选择何处？

A.海岸边　　B.山谷的小溪

### 完全解析

选择A：你是个讲究投资回报率的人，会拿出最少的资本追求最高的利润，很有经济头脑。所以你会选择钓海岸边躲在岩缝里的小鱼，虽然个头不大，但是数量多。

选择B：你擅长工作企划，有着远大的眼光，会提前做好准备。但是你做事太保守，缺乏冲劲，不然你也不会贪恋山谷的美景，钓鱼时不全神贯注。

**心理贴士**

工作态度包括工作积极性、工作热情、责任感、自我开发等比较抽象的因素。从一个人在工作时的态度和精神就能看出他的工作能力。世界上没有卑微的工作，只有卑微的工作态度，如果你工作时愁眉苦脸，那注定会无所作为。

## 你是老板眼中诚实的员工吗

### 情景测试

职场上最可贵的品质是诚实。诚实不但不会阻碍你前进，反而是你的优势和财富，会帮助你走向成功。你足够诚实吗？来测试一下吧。

以下句子反映了职场中有关诚实的行为和态度，并设有五个选项，请选出最适合你的一项。A 非常准确；B准确；C说不上准还是不准；D 不准确；E 非常不准确。

1.我从我的老板那里偷过钱。

2.我从我的老板那里偷过商品。

3.我曾把办公用品带回家私用。

4.我曾向顾客索要高价并私留差额。

5.我曾对朋友或同事偷老板东西的行为视而不见。

6.我曾给朋友白送过公司的货物。

7.我曾篡改过记录或报告。

8.我曾为私人目的动用过公司资源（例如，长途电话、加油卡）。

9.我曾用员工内部折扣价卖东西给朋友。

10.我曾把公司货物卖给朋友并把钱私留。

11.我有上班迟到的习惯。

12.我会无故缺勤。

13.我装病不去上班。

14.我偷过同事的东西。

15.我曾经醉醺醺地来上班。

16.我曾蓄意破坏过公司的设备或货物。

17.我尽可能少做工作。

18.我曾诈伤骗取老板的赔偿金。

19.我曾消极怠工。

20.我曾未经允许就早退。

21.大部分人都从他们的老板那儿偷过东西。

22.如果能确信不被抓到，大部分人都会从老板那儿偷钱。

23.大部分人都试图花费最小的气力使自己的工作得过且过。

24.辛苦工作受益的只是老板一人。

25.老板们希望他的员工带点儿小东西回家。

26.大部分人都曾醉醺醺地来上班。

27.有机会的话，几乎每个人都会装病不去上班。

28.员工们给他们的朋友打折商品是很正常的。

29.用公司电话打长途的人很多。

30.员工之间相互的忠诚超过对公司的忠诚是无可厚非的。

31.每天都工作对我来说是困难的。

32.如果我知道一个同事装病不来，而把实情告诉老板，这样做是不对的。

33.职员向顾客索要高价并私留差额的现象并不罕见。

34.职员篡改他们的时间卡是很平常的。

35.职员用公司信用卡作为私人用途并不罕见。

36.如果员工不想上班就请病假是很平常的事情。

37.当人们得知辛勤工作只会是老板受益的话，几乎没有人再愿意这么做。

38.用员工内部折扣卖东西给朋友没什么不对。

39.如果能不被发现的话，大部分人都会早走一点。

40.只有尽可能地延长午餐和休息时间才是正常的。

## 计分方法

选A得5分，选B得4分，选C得3分，选D得2分，选E得1分，最后计算总分，再除以2。你的得分______

**完全解析**

得分越高说明你越不诚实。例如，如果你的得分对应的百分数是70，说明70%的人比你诚实。

| 得分 | 百分数（%） |
|---|---|
| 86 | 85 |
| 82 | 70 |
| 78 | 50 |
| 72 | 30 |
| 68 | 15 |

**心理贴士**

在1988年美国将《员工测谎保护法案》写入宪法以前，美国的很多公司都在用测谎仪来鉴别那些潜在的不诚实的员工。即便是这样，每年因员工欺骗行为而造成的商业损失还是高达40亿美元。就这样，诚实测试应运而生。

## 心理学知识：职场冷暴力

“职场冷暴力”，是受到上司或同事用非暴力的方式对待，致使精神受到严重伤害的行为。体现为冷嘲热讽，奚落，甚至精神虐待、施压逼迫辞职，使受害者产生各种低落、抑郁心理等，从而影响到身体产生不适，如消化、免疫、代谢等受到影响，最终对工作产生了倦怠，甚至离职。

不同性格的人对职场上的人际关系不和谐会有不同的反映。心胸狭窄的包容度较弱的人容易比较快地产生排斥、对立、疏远、回避、孤立，包容较强的人则刚好相反。控制欲较强的人希望通过权力权威，与他人建立和维持良好的关系，表现为使用权力、权威以影响、控制、支配、领导他人；相反特质表现为：反抗权威、忽视秩序，受人支配或追随他人等。

据调查，职场冷暴力主要来源于上司，或者是无法融入的同事小圈子，而遭受冷暴力者大多都会回避、忍耐，或者离职。他们的积极性被严重受打击所以对公司、对同事产生厌恶的心理。但是他们不会主动争取正面沟通，所以长期饱受讥讽、漠视。遭遇职场冷暴力者在心理上很容易出现压抑、郁闷情绪。

遭遇职场冷暴力后，有人表示自己严重受挫，自信心大幅受挫，多数人常感到疲惫不堪、抑郁。迷茫、沉默寡言、焦虑、悲伤、绝望等都是职场冷暴力带来的情绪上的严重后果。如果情绪长期得不到释放，遭遇冷暴力的人甚至有可能走上自杀的道路。

冷暴力也会引起多重行为和躯体问题，如沉迷上网、抽烟、喝酒增多，猛吃零食或胃口不佳，不想进食，以及入睡困难、睡眠质量差、头疼、胸闷、惊慌等，都可能伴随情绪问题发生。

# Part 4

# 社交处世，看看你离这个世界有多远

# 社交态度

在现代生活中，善于交际的人往往与周围的人保持着融洽的关系，他们可以妥善地处理复杂的人情世故，很容易便能获得朋友的信任和他人的认可，为自己的行动谋得方便。既然好的人缘如此重要，我们就来测测自己的交际能力吧。

## 测测你是否善于交际

### 情景测试

人是群居动物，生活中免不了要与各类人群打交道，你是否善于处理这些纷繁的人际关系呢？在这方面，你有没有潜质呢？下面的小测试能够透过你与朋友相处的细节来分辨出你是不是一个善于交际的人：

1.你和朋友的交情会维持多久？

A.一辈子

B.这要看有没有共同语言

C.交了新朋友，忘了旧朋友

2.你在朋友当中扮演的角色是？

A.你是欢乐的使者，哪里有你，哪里就有欢笑

B.你是智慧的使者，启迪人们，开导人们

C.你是和平的天使，和你在一起的人们总是如沐春风

3.下列哪一项更符合你？

A.你倾向于赞扬朋友的优点

B.你倾向于指出朋友的错误

C.你倾向于实事求是，既不吹捧，也不苛刻指责

4.你交朋友的目的是什么？

A.为了使生活热闹有趣

B.为了得到别人的肯定

C.为了以后铺路

5.你通常怎样对待朋友和同事给你的意见？

A.勉强接受

B.十分排斥

C.乐意接受

6.你在出差的时候选择怎样消磨时光？

A.选择结交各种朋友

B.选择独自打发时间

C.选择尝试，寻找能够一起度过快乐时光的朋友，但不一定都会成功

7.你结交朋友的方式是怎样的？

A.经由朋友熟人等第三方的介绍

B.在某些场合恰好遇到

C.经过深重考虑之后主动去结交的

8.你怎样处理别人对你的依赖？

A.无所谓

B.喜欢被依赖

C.避之唯恐不及

9.你和异性同事的关系怎样？

A.只维持工作上的来往

B.一般不跟他们有来往

C.大家平时有说有笑，工作时也愉快合作

10.你怎样对待那些帮助过你的人？

A.滴水之恩，涌泉相报

B.朋友之间就该这样，患难见真情

C.随着时间慢慢淡去

11.和朋友约好下班后去狂欢，朋友已经准备好了一切等你，但你却感到十分疲惫，你会？

A.取消赴约，希望朋友谅解

B.仍去赴约，尽量活跃

C.仍去赴约，但会适时提前离场

12.公司正在举行新年晚会，主持人邀请你表演一个节目，你会：

A.找借口推辞

B.欣然允诺

C.断然拒绝

13.你喜欢结交的朋友类型是？

A.让你快乐轻松的类型

B.诚实可靠的类型

C.关心欣赏我的类型

14.你会记住在新的环境下新认识的人吗？

A.很快地记住他们的名字和特点

B.想记住他们的名字和特点，但通常不能记全

C.顺其自然，不太在意这些东西

15.你最想和什么人结交？

A.有钱财或有权势的人

B.诚实善良的人

C.和自己差不多的人

## 计分方法

| 得分 题号 选项 | 1 | 2 | 3 | 4 | 5 | 6 | 7 | 8 | 9 | 10 | 11 | 12 | 13 | 14 | 15 |
|---|---|---|---|---|---|---|---|---|---|---|---|---|---|---|---|
| A | 1 | 1 | 1 | 1 | 3 | 1 | 5 | 3 | 3 | 1 | 5 | 3 | 3 | 1 | 5 |
| B | 3 | 5 | 5 | 3 | 5 | 5 | 1 | 1 | 5 | 3 | 1 | 1 | 1 | 3 | 1 |

| | | | | | | | | | | | | | | | |
|---|---|---|---|---|---|---|---|---|---|---|---|---|---|---|---|
| C | 5 | 3 | 3 | 5 | 1 | 3 | 3 | 5 | 1 | 5 | 3 | 5 | 5 | 5 | 3 |

### 完全解析

15～29分：天生的社交家。你的人生经验丰富，社交手段老道，面对各种人际关系时，总有自己的一套方法。你的个人魅力出众，也有着自己的交友原则，虽八面玲珑却从不曾失却真诚友善，所以大家都十分乐意与你成为好朋友。

30～57分：交际能力良好，但还有待提升。你能够和不同人群友好地相处，不过大多浅尝辄止，彼此间不能交换真心，似乎总有隔阂，无法真正敞开交谈。建议你好好思考一下问题的症结所在，并自己作出调整。

58～75分：你急需提升个人交际能力。你常常显得很不合群，时常是一副拒人于千里之外的高傲脸面，可是，这不过是你的伪装，你的内心渴望结交朋友。你的人生阅历还不够丰富。因此，要结交朋友，你首先要学会敞开心扉，从而融入集体当中。

### 心理贴士

交际这一课题学问很深，善于交际的人不仅良好地处理着各类人际关系，而且态度不卑不亢，从不阿谀奉承，其独特的魅力打心底散发出来；不善交际的人，要么令人感觉冷傲，要么给人伪善的感觉。要学会敞开心扉，多与人们接触，打破交往的隔阂，从而提升自己的社交能力。记住：微笑就是你最好的名片。

## 测测你的人气值

### 情景测试

在评论别人的同时，我们也时时被别人评价着。所有人都希望自己可以给别人留下好印象。你在别人眼中究竟是冰山美人的冷艳形象还是邻家姑娘的平和形象呢？让我们来看看别人心里的你吧。

1.阳光明媚的日子你都宅在家里？

是→2

否→3

2.你手里有小说和漫画，你是否会先看漫画？

是→3

否→4

3.如果参加朋友的生日聚会到很晚才结束，他（她）留你过夜，你是否同意？

是→5

否→6

4.比起保持身材，你是否更享受美食带来的满足？

是→3

否→5

5.你善于发现生活中的小幸福，即使是多睡几分钟？

是→7

否→6

6.你是否对某一个陌生人有过似曾相识的感觉？

是→8

否→7

7.你是否喜欢小孩子？

是→10

否→9

8.你是否喜欢表现事不关己的样子？

是→7

否→9

9.你是否能立刻说出3个愿望？

是→11

否→12

10.你是否认为年长者比年轻的人更值得信赖？

是→11

否→9

11.你是否认为圆形口红比四边形口红会更有魅力？

是→12

否→13

12.当父母在你耳边唠叨的时候，你是否一边嫌他们啰唆，一边心存感激？

是→13

否→14

13.你是不是曾经被别人评价为超级糊涂蛋？

是→15

否→14

14.你是不是喜欢恐怖片胜过言情片？

是→15

否→16

15.你是不是觉得用手绢的男的很娘娘腔？

是→16

否→17

16.你是否买过许多书但都没看完？

是→18

否→17

17.你是否觉得自己过了20岁老了？

是→20

否→19

18.你是否有煲电话粥好几个小时的经历？

是→19

否→17

19.你是否希望谈一场轰轰烈烈的恋爱？

是→20

否→21

20.你是否有走在时尚的前沿的敏锐的时尚触觉？

是→21

否→22

21.你是否偶尔冒出去看海的冲动？

是→B类型

否→22

22.你是否一换床就难以入睡？

是→23

否→A类型

23.你是否喜欢一个人泡泡浴？

是→D类型

否→24

24.你是否认为女人一定要有一个蓝颜知己？

是→C类型

否→25

25.如果让你学一样乐器，你是否选择架子鼓而不是小提琴？

是→D类型

否→E类型

## 完全解析

A类型：你就是一朵交际花，因为你善于发现别人的优点，对于别人身上的缺点，你也可以宽容地包容。即使是第一次见面，你也能很快和对方成为朋友。

B类型：你几乎能与所有人融洽相处，除非对方先将你当成敌人。你交友的态度很随性，个性也比较综合，可以理解不同人的态度和想法。只要看对方顺眼，拥有一定共同话题，你们就能成为好朋友。

C类型：你渴望朋友，但从不轻易交心。你的性格是典型的外冷内热，如同冰山下的火种，看似冷漠的外表之下藏着一颗热情的心。你认为，朋友是需要时间慢慢深入交往的，所以，你的朋友虽然不多，但每个人都是知己。

D类型：你喜爱交朋友，是朋友当中的开心果。不管是什么类型的人，你乐于与之结交。通过朋友认识朋友，这可是你最擅长的事情之一。你热爱热闹，害怕孤独，所以交友绝对是你的人生乐事之一。这样的你在朋友圈中也颇受欢迎。

E类型：你更喜欢淡淡的君子之交。你个性理性，稍显淡漠，交友时，你会将对方的素质、兴趣爱好等诸多因素一并列入考虑范围，因为你的原则是宁缺毋滥。

### 心理贴士

在人际交往过程中，性格不同的人自然会展示出不同的形象，平易近人者总是可以很快与周围人打成一片，而个性冷傲的人则显得被动得多。不过这并不意味着这些人就不需要朋友了。同样的，并不是快速交友者所交来的朋友就会比冷漠的人所交到的真诚，因此，交友态度没有好坏之分，只要你待人是真诚的，你的友好是出于真心的，便已经是正确的交友观了。

## 测测你的“人情账户”存款

### 情景测试

自古以来，中国便是一个重视人情的国度，不管是娶妻生子，还是求学工作，人们都需要朋友在旁，或施以援手，或分享喜悦，人情消费随处可见。所以，人越来越重视人情投资，拓宽人际、增强人脉在人们眼中成了成功者必须具备的素质，懂得如何运用身边的人力资源，可让自己在生活中顺风顺水。那么，你的人情账户有多少存款呢？

1.你乐于助人，即使是贪婪的人你也帮助他们。

A.是的

B.不一定

C.不是

2.你认为帮助他人要随时随地，即使他人并非需要，你也会提供帮助。

A.是的

B.不一定

C.不是

3.帮助人的时候，你会暗示他给予回报。

A.是的

B.不一定

C.不是

4.你帮助他人之后，心里很有成就感而想向人炫耀一番。

A.是的

B.不一定

C.不是

5.给人帮助，是不是一次性给得越多越好？

A.是的

B.不一定

C.不是

6.你会针对不同的人给予不同的帮助吗？

A.是的

B.不一定

C.不是这样

7.假设你是单位的领导，为了激励下属的工作欲望，你一点一点地激励让他们保持干劲而不是一次性地满足他们。

A.是的

B.不一定

C.不是

8.“人活一张脸，树活一张皮”，你深知脸面的重要性。因此，除非不得已，你一定不会做让人颜面扫地的事情。

A.是的

B.不一定

C.不是

9.你认为交朋友最重要的就是要趣味相投，因此你很注意培养与朋友之间的共同兴趣爱好。

A.是的

B.不一定

C.不是

10.如果别人需要你帮忙，而且不止一次，你会一直提供帮助，直到对方不需要为止吗?

A.是的

B.不一定

C.不是

## 计分方法

| 得分 / 题号 / 选项 | 1 | 2 | 3 | 4 | 5 | 6 | 7 | 8 | 9 | 10 |
|---|---|---|---|---|---|---|---|---|---|---|
| A | 1 | 1 | 1 | 1 | 1 | 3 | 3 | 3 | 3 | 3 |
| B | 2 | 2 | 2 | 2 | 2 | 2 | 2 | 2 | 2 | 2 |
| C | 3 | 3 | 3 | 3 | 3 | 1 | 1 | 1 | 1 | 1 |

依据上表，将各题得分相加得到总分。

### 完全解析

24～30分：你深谙增加“人情账户”的功夫。你知道如何与人建立交情，也明白怎样去更好地维系友谊。这样的你可说是左右逢源，深受周围人们的喜爱，不管走到哪里都有贵人相助，办起事来自然就水到渠成了。

17～23分：你并没有太多建立“人情账户”的渴望。你需要试着提高你的交际能力，学习与更多的人相处，要学会顾及别人的面子，学会考虑别人的感受！只有这样，你才能更好地与人交往，还能成为他们当中的善良使者，得到他们更多的喜爱，当你有问题时他们也就尽力帮助你了。

10～16分：对于建立“人情账户”这件事，你一点儿都不在行。你不懂得如何与人合作，不谙人情世故，如同一个独行侠，什么都自己独立解决，也从不会帮助别人解决问题。在如今的人情社会，这样的性格会让你很是吃亏，就算你获得成功也无法体会到和朋友一起分享的乐趣，而且，独来独往的人，其通往成功的路上的阻力会比其他人更大。所以，好好加油，提升你的“人情存款”吧。

### 心理贴士

在家靠父母，出门靠朋友。在现代社会中，单打独斗闯天涯是很难成功的。要在社会上生存，你需要朋友互相帮助，众志成城，才能获得成功。所以从现在开始，好好储备你的人情存折吧，多帮助别人，说不定在将来某个需要帮助的时刻，你就会得到热情的回报呢。

## 测测你的人缘

### 情景测试

好的人缘是成功者必备的素质之一，同时还是自身获得快乐的重要保证。拥有好的人缘，你才能更好地获得大家的支持和帮助，从而确保自己走向成功，与很多的朋友分享喜怒哀乐，还可以让自己的生活变得乐上加乐。

测测你的人缘：从下面三种选择中选择一个与你的实际情况最相符的，然后对照相应评分表。

1.假设你被一位女性朋友邀请去参加她的生日聚会。可是，在座来宾你都不认识，那么你会：

A.你会主动去结识他们

B.你会早去聚会以便帮助她筹备

C.你会找借口拒绝朋友的邀请

2.你正走在街上，一位路人向你询问如何到火车站，你现在正有急事，而且这个也不是一时半会能说清楚的事情。你会：

A.你告诉他去远处的警察厅问问

B.你尽量简单地告诉他该如何走

C.你耐心地引导他去火车站

3.你的好朋友到你家来找你，你们已经两个月没有见面了，然而不巧的是，此时电视里正在上演一部非常精彩的影片。你会：

A.你会关上电视机，和朋友一起看你假期中拍摄的照片

B.你会邀请朋友同你一起看电视

C.你同朋友一起聊天，但让电视开着

4.你亲戚寄来一些钱给你，你会：

A.你把钱暂时搁在一边

B.你会去和朋友们吃饭娱乐

C.你会买些东西装饰卧室

5.邻居请你在他们去看电影期间帮忙照顾一下他们的孩子，孩子醒来后大哭起来，你会：

A.你会关上卧室的门，当作没听到孩子在哭，做自己的事情去

B.你会把孩子抱在怀里，想办法让他入睡

C.你会看看孩子是否需要什么东西才哭。如果他只是无故哭闹，你就让他哭去

6.你在闲暇的时候喜欢干些什么？

A.你喜欢与朋友一起看电影，并参与讨论

B.你喜欢到商店里买东西

C.你喜欢待在卧室里听唱片

这几道题的答案得分如下：

| 得分 题号 选项 | 1 | 2 | 3 | 4 | 5 | 6 |
|---|---|---|---|---|---|---|
| A | 2 | 1 | 3 | 1 | 1 | 3 |
| B | 3 | 2 | 2 | 3 | 3 | 2 |
| C | 1 | 3 | 1 | 2 | 2 | 1 |

## 完全解析

14～18分：你非常善于交际。你对朋友十分关心，也十分乐意相助，在朋友圈当中，你总是最快乐和温馨的。你的伙伴们也非常喜欢你，在你有困难的时候，他们也十分愿意帮助你。你和朋友间的这种友谊是互动的。

8～13分：你喜欢独立。你喜欢自己独自行事，虽然你的身边也不缺朋友，但交友这件事，你在处理完事情之后才有暇兼顾。你不是不会帮助朋友，可前提是不能损害自身的利益，若是这个忙太费精力和时间的话，你很可能会袖手旁观。你有很多的朋友，但是还要注意提升一下朋友的质量。比起主动去爱人，你更希望被爱，这样的心态不容易得到真心的朋友。

8分以下：你不善于交往，只活在自己的世界中。你推崇利己主义，凡事总是先从自己的角度去考虑，你害怕别人给你添麻烦，也从不主动帮助别人，其结果就是别人也不想和你成为朋友。赶紧从这种困局当中走出来吧，多为别人考虑一下，自己的世界也会因此变得更加美好哦。

心理贴士

人缘好的人走到哪里都会有贵人相助，跟谁相处都会得到对方的喜爱，这就是为什么有些人的运气总是比别人好。这些人常常面带笑容，总是为他人着想，为朋友们送上关怀和温暖。如果你也想要这样的好人缘，那么就从改变自己做起吧。主动和别人交流，为别人着想。你若爱人，别人也会投桃报李，力的作用总是相互的，你帮助别人多少，别人也会以多少来回报你，快快开始建立你的好人缘吧。

## 测测你是哪种交际类型

### 情景测试

不同的性格在社交活动中演绎的角色类型也不同。来到一个新的环境里，我们常常需要主动与人接触，才能建立自己的社交圈。而弄清自己适合的交际类型，有助于让你的交际更加顺利地进行。你想知道自己属于哪种类型吗？

请对下列问题做出“是”或“否”的选择：

1.碰到熟人时，我都会主动同他（她）打招呼。

2.我会主动给朋友写信以表达我的思念。

3.在旅行的途中，我经常与陌生人闲谈。

4.有朋自远方来，我从内心里感到高兴。

5.除非有人引见，否则我很少主动与陌生人讲话。

6.我喜欢在群体中表达自己的观点和看法。

7.我同情弱者。

8.我喜欢给别人当参谋出主意。

9.我喜欢有人陪我做事。

10.我很容易被朋友说服。

11.我很注意自己的仪表。

12.如果不幸约会迟到我会长时间感到不安。

13.我与异性交往甚少。

14.我到朋友家做客感到很自在。

15.我不在乎与朋友乘公共汽车时谁买票。

16.我给朋友写信时喜欢讲述最近的烦恼。

17.我常能交上知心朋友。

18.我喜欢与之交往的人具有独特之处。

19.我觉得随便向别人暴露自己的内心世界是很危险的事。

20.我很慎重地发表意见。

## 计分方法

第1、2、3、4、6、7、8、9、10、11、12、13、16、17、18题答“是”得1分，答“否”不得分；第5、14、15、19、20题答“否”得1分，答“是”不得分。

## 完全解析

1～5题测试交往的主动性，得分高意味着交往的主动性水平高，在交往上偏于主动型，反之则表示偏于被动型。主动性高的人结交朋友相当主动，但被动型的人则总是等着别人主动，自己几乎不会去主动与人套近乎。

6～10题测试交往时候的支配程度，得分高说明在交往中偏于成为领袖型人物，反之则表示偏于依从型。领袖型人物是圈子里的带头人物，喜欢领着大家前进；顺从性人物则更倾向于听从旁人意见。

11～15题测试交往的规范性程度，得分高说明在交往中讲求严谨规范，反之则表示交往行为较为随性。交往中严谨规范的人，会为自己和朋友定下一连串的标准和原则，可能会给人一种不容易接近的感觉，可一旦开始交往，不失为一个值得信赖的朋友；交往中较为随性的人，大多比较随和，让人感觉亲切易相处。

16～20测试交往的开放性程度，得分高表示交往偏于开放型，反之说明偏于闭锁型。若是得分处于中等水平，则归入中间综合型的交往者。开放型的人乐意结交各式朋友，也愿意去尝试新的交友方式；但闭锁型的人则不怎么喜欢结交朋友，或孤独行事，或处于一个小的固定朋友圈之中；中间综合的人则同时拥有以上两种特点。

### 心理贴士

所谓“性格决定命运”，其实，你的交友态度和交友类型同样取决于性格。活泼开朗的人在社交活动中多数掌握着主动权；而性格内敛的人，更多的是日久见人心，需经时日才能赢得大家的信赖和支持。所以，只要真心待人，交友方式就没有好坏之分，适合自己的就是最好的。

## 测测你的社交圆滑度

### 情景测试

中国人把人情世故这本书读得很透，我们都信奉“世事洞明皆学问，人情练达即文章”“有社交走遍天下，无社交便寸步难行”的社交理念，把自己培养成一个社交高手是人生的必修课。现在的你是不是一个圆滑玲珑的社交高手呢？做一下我们的小测试便知道了。

1.你最好的朋友过生日，你会送什么礼物？

A.送一份自己觉得喜欢的礼物

B.了解朋友喜欢什么就送什么

C.送实用日常用品

2.你一个不是很熟的朋友想向你借一个月工资，这可是你一个月的零花钱啊，你会？

A.大方地借给他，心想就算他不还也没有关系

B.借给他，但是会隔三差五提醒他还钱

C.不想借给她，找理由拒绝

3.朋友约你出去玩，可你刚好囊中羞涩，你会？

A.先出去玩了再说，车到山前必有路

B.直接告诉他没钱了去不了

C.看能否借到钱再考虑是否去

4.在你屋子里乱七八糟的时候，朋友要进你屋子，你会？

A.把朋友让进屋里，并说“太乱了，对不起”

B.让朋友先在附近茶吧里等，自己收拾好了再请他进来

C.不在家中停留，立刻带着朋友出去玩

5.有人约你去参加公益活动，你会？

A.一口答应，非常愿意

B.找借口推脱

C.勉强答应，虽然没有什么兴趣

6.你都会给谁送新年贺卡？

A.给非常熟悉的人，如果不太熟悉的人送我，我再回送一份

B.只要认识的人，我都会送一份

C.从来不送

7.有人放你鸽子，你会怎么想？

A.如果理由充分，那么可以接受

B.不能原谅，不管有什么理由

C.记住这件事情，以后也放他鸽子

8.有个人走在你前面，突然痛苦地蹲了下去，你会怎么办？

A.热心地上前询问：“没事吧？”

B.好奇地上前看看她在做什么

C.走自己的路，不理他

9.如果你的家人反对你跟恋人在一起，你会怎么办？

A.不管谁反对，都要将爱情坚持到底

B.和他/她秘密行动，不让家长知道

C.认真考虑家长的意见

10.你会请求什么人在你遇到困难时帮助你？

A.真心结交的朋友

B.谁能帮就去找谁

| 题号 / 得分 / 选项 | 1 | 2 | 3 | 4 | 5 | 6 | 7 | 8 | 9 | 10 |
|---|---|---|---|---|---|---|---|---|---|---|
| A | 1 | 1 | 5 | 2 | 1 | 4 | 5 | 4 | 1 | 2 |
| B | 5 | 3 | 2 | 5 | 2 | 5 | 2 | 2 | 5 | 5 |
| C | 2 | 5 | 1 | 4 | 5 | 1 | 4 | 1 | 4 | |

## 完全解析

总分≤12分：你是一个不受人情世故的束缚的人。你看问题、思考问题的方式是那么冷静、理性，所以电视剧里那种俗套、赚人眼泪的情节对你来说是完全没有作用的。也许从某种角度上说，你可以把自己的情感隐藏起来，不让旁人知晓是一个优点，但有时候别人也会认为你是一个缺乏想象力的人。

12<总分≤22分：你是一个懂得人情世故的人，但还是不够圆滑。直率是你的作风，但也有可能因此得罪人。在你的眼中，那些客套话或者恭维话听起来那么难受，所以你也很少说这样的话。你应该是一个很清高的人，都是忠于自己的感受，不会因为要去迁就别人而说谎。所以，当别人穿了一身新衣服或者梳了一个好发型而希望得到赞赏的时候，你很可能是来一句“这不适合你”。这样的你正直诚实，但让别人感觉你是一个难以相处的人，所以你的朋友很少，但有几个知心朋友，他们正是十分欣赏你的正直品质的人。不管怎么说，你要特别珍惜你身边的朋友。

22<总分≤34分：你是一个十分注重人情世故的人，在这方面也处理得很好，尽管如此你还是摆脱不了有时候陷入人情纠葛。对着一些自己都觉

得很讨厌的人却要装出一副笑脸，你也会感到不舒服、难受。其实你不必对这种心理太过纠结，不然只会增加你的痛苦。对于你来说你重视人情世故是因为内心太寂寞，给你一个建议，让自己更加坚强，你会发现对自己处理人际事件的能力更有信心。

总分≥35分：处理人际关系对你来说就是易如反掌的事，所以你也拥有很多朋友。你很容易融入一个氛围，别人哭的时候你也会跟着哭，别人笑你也跟着笑，表情和状态随时都可以变化。但你不是在演戏，你是真的有感情带入，这些表现只是你的条件反射而已。

**心理贴士**

人情世故是需要在社会中不断磨炼才能掌握的，不是与生俱来的，就好比要经过恋爱，才知道应该怎么去处理感情问题。如果你觉得你在处理人情世故上有所欠缺，你就应该多一点社会接触，增加经验。但要记住，正直是一个人的优点，只是在表达的时候需要委婉一些，让别人好接受一些，大家都是喜欢和正直的人交朋友的，注意表达方式即可。那些人情世故处理得很好的人也需要坚持自己的原则，不应该一味去迎合别人而忘记了自己。

## 你是难以接近的人吗

**情景测试**

你了解你自己吗？你给别人的感觉是平易近人还是充满距离感呢？做一个测试吧，它能够帮你更加清晰地了解自己。来验证一下你是不是一个难以接近的人吧。

在一个滂沱大雨的夜里，你从窗子看到有一个男子在路上慢慢独行，你猜想他有一个什么样的心情？

A.思考某个问题，满腹心事

B.正在享受一个人的孤寂感

C.只是忘记带伞，不想狼狈在雨中奔跑

D.刚结束一段感情而失魂落魄

## 完全解析

选择A：你的交际圈很广，你的情绪控制也很好，懂得顾全他人的面子和感受，不会轻易和他人发生冲突。你是属于大家觉得你不错的人，在同学看来，你是从小拿奖状的模范；在老师看来，你是听话懂事的好学生。

选择B：你很关注自己，甚至忘记了周围的其他人。你很少说话，给人一种孤僻内向的感觉。你也不太关注别人，更不希望别人关注你。冷漠是你对陌生人的态度，但你对相处很久的老友们却是热情似火，是一个值得信赖的好朋友。

选择C：你是群体活动不可缺少的话题王。你爱调节气氛，喜欢跟着人群起哄，虽然出发点并没有什么恶意，但你要注意有时候恶作剧过火了，就会给别人和自己带来困扰。

选择D：你的心情起伏很大，可以突然晴转阴，是一个性情中人。你与别人相处方式很直接，喜欢的人马上打成一片，不喜欢的人肯定是敌人。

## 心理贴士

一个人的外在形象和内在性格之间还是存在着一定差距的，有的人虽然表现出一片冷漠，但内心却是汹涌澎湃的。这些人在交友上很吃亏，明明想要亲近别人，却表现出拒于人千里之外，所以应该学会适当地表达自己。千万不要吝啬你的笑容和语言，多和别人交流吧，你会发现这样很快乐和轻松。

# 测测你的交际能力

## 情景测试

你觉得你的交际能力是强还是弱呢？你是否对自己的交际能力有信心

呢？让我们来看看吧。下面的测试很简单，但却可以帮你发现很多问题哦。请结合你自己的情况考虑下面的问题，回答“是”或“否”。

1.你喜欢参加社会活动吗？

2.你喜欢结交来自不同行业、阶层的朋友吗？

3.你会主动向陌生人做自我介绍吗？

4.你对他人的爱好感兴趣吗？

5.你在回答有关自己的工作与兴趣的问题时感到为难吗？

6.你喜欢做大型公共活动的组织者吗？

7.你愿意做活动主持人吗？

8.你喜欢与不相识的人聊天吗？

9.你喜欢在正式场合穿礼服吗？

10.你与有地方口音的人交流有困难吗？

11.你曾为自己的演讲水平不佳而苦恼吗？

12.你在公司组织的集体活动中愿意扮演逗人笑的丑角吗？

13.你喜欢成为公司联欢会上的核心人物吗？

14.你喜欢在孩子们的联欢会上扮演圣诞老人吗？

15.你喜欢在宴会上致祝酒词吗？

16.你喜欢倡议共同举杯吗？

17.你与不同阶层的人谈话时是否轻松自然？

18.你希望周围的人对你毕恭毕敬吗？

19.你在酒水供应充足的宴会上是否借机开怀畅饮？

20.你曾因饮酒过度而失态吗？

21.你与人谈话时喜欢掌握话题的主动权吗？

## 计分方法

本测验的答案并无正误之分。只是一般情况下，擅长于社交的人会倾向于以下答案。

| 题号 | 1 | 2 | 3 | 4 | 5 | 6 | 7 | 8 | 9 | 10 | 11 |
|---|---|---|---|---|---|---|---|---|---|---|---|
| 选项 | 是 | 是 | 是 | 是 | 否 | 是 | 是 | 是 | 是 | 否 | 否 |
| 题号 | 12 | 13 | 14 | 15 | 16 | 17 | 18 | 19 | 20 | 21 | |
| 选项 | 否 | 是 | 是 | 是 | 是 | 是 | 否 | 否 | 否 | 是 | |

你在每一题上的答案，若与上述相应答案相同得1分，否则得0分。计算你的得分。

## 完全解析

16~21分：不容置疑，交际达人就是你了，你可以应付好各种社交场合，无论是正式的酒会还是疯狂派对，你都处理得相当好。你待人真诚友善，不狂妄虚伪，是社交活动的中心人物，也是公共事业的强有力的支持者。

10~15分：你的交际能力其实比自我感觉的要好得多，只是你对自己缺乏自信而已，在大多数社交场合别人对你的表现还是很尊敬的。放开一些，要学会主动结交朋友。

4~9分：因为你缺乏自信心，所以你的社交能力很一般，你常常会过于紧张导致临场表现欠佳。应该学会轻松一点儿，热情一点儿，其实交际并没有那么难。

3分以下：你的社交能力的确需要很大的提高。你给人冷漠孤僻的感觉，你不喜欢去接触别人，旁人也觉得你难以亲近，你宁愿孤独也不想去试着交际。

### 心理贴士

只有自己才是自己最好的老师，没有一个交际达人是天生的，如果你也想提高自己的交际能力，只有从改变自己做起。第一步就是建立自信心，这会对你有很大帮助，试着去相信自己的能力。大可放心，没有不能成的事，只有不想改变的人。

# 测测你的沟通能力

## 情景测试

任何人的交往都是从沟通开始的，良好的沟通可以为友谊奠定基础，因此，沟通会在你生活和学习中占据十分重要的地位，你是否了解自己的沟通能力呢？来做个测试吧。

1.你上司的上司邀请你共进午餐，回到办公室后，你发现你上司对此颇为好奇，此时你会：

A.告诉他详细内容

B.粗略描述，淡化内容的重要性

C.不透露蛛丝马迹

2.当你主持会议时，有一位下属一直以不相干的问题干扰会议，此时你会：

A.告诉该下属在预定的议程结束之前先别提出其他问题

B.要求所有的下属先别提出问题，直到你把正题讲完

C.纵容下去

3.当你跟上司正在讨论事情，有人打长途电话来找你，此时你会：

A.告诉对方你正在讨论重要的事情，待会再回电话

B.接电话，而且该说多久就说多久

C.告诉上司的秘书说不在

4.有位员工连续四次在周末向你要求他想提早下班，此时你会说：

A.你对我们相当重要，我需要你的帮助，特别是在周末

B.今天不行，下午四点钟我要开个会

C.我不能再容许你早退了，你要顾及他人的想法

5.你刚好被聘为部门主管，你知道还有几个人关注这个职位，上班的第一天，你会：

A.把问题记在心上，但立即投入工作，并开始认识每一个人

B.忽略这个问题，并认为情绪的波动很快会过去

C.找个别人谈话，以确认哪几个人有意竞争此职位

6.有位下属对你说，“有件事我本不应该告诉你的，但你有没有听到……”，你会说：

A.谢谢你告诉我怎么回事，让我知道详情

B.跟公司有关的事我才有兴趣听

C.我不想听办公室的流言

7.你认为你的文字和口头表达能力强吗？

A.是　B.一般　C.很差

8.你能很好地运用肢体语言表达你的意思吗？

A.是　B.一般　C.很差

9.你能很容易地认识陌生人吗？

A.是　B.有时　C.否

10.你能影响别人接受你的观点吗？

A.是　B.有时　C.不能

11.与人交谈时你能注意到对方所表达的情感吗？

A.是　B.有时　C.不能

12.你是否能用简单的语言来表述复杂的意思？

A.是　B.一般　C.否

13.朋友评价你是个值得信赖的人吗？

A.是　B.一般　C.不是

14.你能积极引导别人把思想准确地表达出来吗？

A.是　B.有时　C.不能

15.你是否善于听取别人的意见，而不将自己的意见强加于人？

A.是　B.有时　C.不能

## 计分方法

选择A得2分，选择B得1分，选择C得0分，然后将各题所得的分数相加。

## 完全解析

22～30分：沟通对你来说完全不是问题，你的表达能力特别强，说话有重点，而且简明扼要，很容易让对方接受你的观点。

15～21分：你的沟通能力中规中矩。在某些熟悉的领域就表现得特别好，但有些地方你就会觉得沟通有障碍。可以通过努力锻炼提升自己，你离沟通高手并不远。

14分及以下：你的确需要锻炼自己的沟通能力了。你的沟通能力差，因为表达不善往往让人误会了你的原意，给别人留下不好的印象，甚至无意中对别人造成伤害。

### 心理贴士

沟通和社交一样，都是一门艺术，多数都是通过后天的锻炼而成的。那些营销高手通常都有三寸不烂之舌，他们也是通过日积月累而成的哦。你不必太羡慕他们，多多练习一下沟通技能，做一个学会聆听和表达的人，你也可以的！

# 社交价值观测试

## 情景测试

你的手机功能你都熟悉吗？你是只用它打电话、发信息还是其他功能也用得很好呢？这个小测试能够从你使用手机的小细节中看出你的价值观和人际关系，发现你有着怎样的社交价值，让我们来验证一下吧：

1.光你现在用着的这部手机，想一想你为它配过几条手机链呢？

A.只有随机附送的带子，不会再买了

B.买了一条

C.一共买了两条

D.买了至少三条以上

2.要是你的手机可以改变图案，你会不会上WAP下载图案呢?

A.不会使用手机图案

B.最近换得很勤

C.偶尔会

D.不花钱上WAP，只用手机内置图案

3.你会买一部什么类型的新手机?

A.彩屏手机

B.功能不用多，最要紧的是方便

C.功能越多越好

D.款式不重要，我只想用最便宜的

4.你会选择什么类型的来电铃声?

A.最新最HOT流行歌

B.选冷门的，因为不想跟别人“撞歌”

C.最重要是旋律动听

D.新旧都无所谓，自己喜欢就OK

5.电影看到一半，突然有电话进来，你会怎么办?

A.掐断后去看未接来电

B.不管它，等它自动断线

C.跟对方解释正在看电影，然后挂断

D.接听后小声说话

## 计分方法

| 题号 / 得分 / 选项 | 1 | 2 | 3 | 4 | 5 |
|---|---|---|---|---|---|
| A | 10 | 10 | 7 | 3 | 10 |
| B | 1 | 3 | 10 | 10 | 3 |
| C | 3 | 1 | 3 | 7 | 1 |
| D | 7 | 7 | 1 | 1 | 7 |

## 完全解析

39分以上：道德价值。你衡量事物的时候会加入道德观念和社会常理，不是你没有信心，只是你懂得顾全大局。而将自信心收在心底。

30~38分：优越感很重要。爱出风头，有过人的自信和优越感，凡事都觉得自己很厉害。告诫你不要太重视外在的东西，这样会让你忽略了事物真实的一面。

23~29分：理想价值。你的审美能力很强，懂得享受生活，但在你心中你容不下那些不合自己风格的事物，只想凡事都希望达到自己心目中的理想目标。

14~22分：盲从附和。你有时候会失去自我，太过于盲从附和别人的意见了，应该学会用自己的角度看待问题，别再做井底之蛙了。

13分以下：斤斤计较。你给人一种很功利的感觉，你把利益的得失看得太重了，会无意中将万事万物分为有利和无利两类，这点让人觉得不舒服。

### 心理贴士

如果你是一个以道德为价值导向的人，那么要给自己多一点自信，因为你所坚持的往往是正确的。如果你是一个自视甚高的人，那你就必须提升自己了，要想看到更远的风景，就要登上更高的山峰。如果你是一个理想主义者，请着眼于实际去做人做事，心中有美好的理想是好的，可千万别忽视了现实的残酷。如果你是一个没有自我的人，那就要树立独立的人格和价值观，才有可能成长为参天大树。如果你是一个计较的人，请友善一点对待他人，这样对你更好。

## 测测你的金钱欲

### 情景测试

你会不会拼命去赚钱呢？这也关乎你的金钱欲望，想要看看你的金钱欲望有多大吗？让我们马上开始吧。

参加友人的婚礼，由于不喝酒，所以选择果汁，但是吧台上有四个玻璃杯，玻璃杯的果汁分量各不相同，你会选择哪一杯？

A.半杯　　B.满杯

C.空杯（自行倒果汁）　　D.七分满

### 完全解析

选择A：你不是一个金钱欲望很重的人，你在金钱的问题上很小心，也许你在处理任何事情的时候均保持慎重的态度，只不过是对待金钱更加慎重罢了。

选择B：选择果汁满杯的人，你肯定是一个对金钱追求很强烈的人，甚至有点儿极端，所谓守财奴型的人多会选择此杯。

选择C：这种人怀有强烈的金钱欲望，但对理财却不擅长。情绪不定，因此所抱持的价值观也就时常改变。

选择D：你对待金钱一事处理得很不错，尽管你对金钱有欲望，但不会让这种欲望表面化，你把自己控制得很好，踏实稳重，不会一心想赚大钱以致铤而走险做出像赌博般的冒险行为。

心理贴士

对待金钱的平常心，是现代社会平常心的一个标志。你肯定不想别人把你当成一个满身铜臭味的人吧，那么你应该树立一个正确的金钱观。

## 你和什么样的人最默契

### 情景测试

有的人喜欢独处，有的人喜欢热热闹闹一群人，聊八卦、喝东西。但朋友总归是要有几个的，你身边适合什么样的人呢？快来测测你的默契类型吧。

1.在没有任何熟人的新班级或新环境时：

A.仍然充满活力→2

B.觉得有点儿可怕→3

2.现在的成绩还过得去，但小学时的成绩很好。

A.YES→4

B.NO→5

3.每次在外面吃饭时，点菜的速度都很慢。

A.YES→7

B.NO→6

4.看电视时经常会觉得“这个人好笨，如果是我的话就会这么做。”

A.YES→8

B.NO→9

5.在家闲来无事的时候你会

A.看杂志或书→9

B.看电视→10

6.行动电话、无线电、B.B.CALL等通信器材，你通常会带哪一种？

A.行动电话→8

B.无线电→9

C.B.B.CALL→10

D.什么都不带→11

7.这两年之内，没有担任过班长、组长等“长”字辈的干部。

A.YES→11

B.NO→10

8.看到别人的事，经常觉得对方没有抓住要领。

A.YES→12

B.NO→13

9.下辈子可以选择的话，你想成为：

A.男生→13

B.女生→14

10.猫跟狗，你喜欢哪一种？

A.狗→14

B.猫→13

11.如果出租车跟地铁的车费相同，你会搭哪一种？

A.出租→14

B.地铁→15

12.将来的梦想是：

A.有固定职业，努力地工作→16

B.24岁以后成为专职家庭主妇→18

C.没有特别的想法→17

13.你非常注重流行资讯，随时确认自己的装扮。

A.YES→18

B.NO→17

14.你想要一个人去旅行。

A.YES→17

B.NO→18

15.不擅长很多人面前说话。

A.YES→19

B.NO→18

16.觉得自己常常是朋友模仿的对象。

A.YES→A类型

B.NO→B类型

17.认为歌手应该“以课业为重，即使暂时淡出演艺圈也无所谓”。

A.YES→B类型

B.NO→C类型

18.就算参加升旗时突然头晕，也不会告诉旁人。

A.YES→D类型

B.NO→C类型

19.不管是功课方面或玩乐方面，遇到不懂的事情时，不太敢向其他人请教。

A.YES→C类型

B.NO→B类型

## 完全解析

A类型：你喜欢自己在朋友中成为意见领袖，不喜欢依附着别人，那些轻松自在地生活，喜欢依赖人，喜欢撒娇的人很适合与你相处。不过你又非常害怕独处，不喜欢被落下，所以那些喜欢撒娇、凡事优柔寡断的女孩最喜欢找你倾诉了，每当她无法自己下决定时就会找你帮忙，而你很享受这种感觉，当她说到：“还好有你在！”时，你肯定会很高兴，因为你觉得你的朋友离不开你，你会很满足。

B类型：你的个性很强，性格豪爽，不希望和朋友彼此干涉，你的朋友多数也是个人主义的人。在你看来，不是不喜欢某个朋友，是不喜欢总是和大家黏在一起而已。

C类型：你有几个密友，与你的兴趣爱好很接近，在你看来，既然是好朋友就会腻在一起，对共同感兴趣的话题进行讨论，你觉得这样的交流会加深你们的感情。你很擅长处理事情，即使两人整天腻在一起也不会发生冲突。

D类型：希望和领导型人物在一起，你比较胆小，优柔寡断，所以你需要那些踏实、开朗活泼的人来调节气氛。你在一个团队中会被忽略，由于你的个性较被动，如果别人没约，你会一整天关在家，但在家的你又很想出去走走。你最适合选择做事果断的领导型大姐做你的朋友，她可以帮忙判断你无法决定的事，并为你打理一切。对方会在当中获得满足感，而你也觉得十分快乐，这样的速配组合会让你们的友情更加坚定！

心理贴士

人与人之间的感情有时候很奇妙，有眼缘的时候不需要太多言语，你们就成为好朋友了。有些人则需要经过沟通了解，才会发现原来他真的很不错，适合做朋友。

## 心理学知识：认同

认同亦称自居作用。有两种含义：

第一，个体有意或无意地将其他人或群体的特征如行为、观点归属于自己的过程。

第二，精神分析理论中的一种防御机制，把自己模仿、比拟为某个成功的或厉害的人，以减少因挫折带来的焦虑或获得满足。

科学上认为，出现认同之前的人是个生物学的人，这与其他动物一样，但人类大脑构造中蕴含着一种功能，这就是形成自我意识的功能。拥有自我意识功能的动物只有人类、猩猩、黑猩猩，而这个功能也是需要人际网络的体验来激发的，而在生命早期这种激发就开始了。首先激发出来的便是黏附性认同，这种认同形式几乎等于神经系统的基本功能，最接近于印刻行为的本能。

克莱因说婴儿出生不久就有自我，其实这个说法不全对，应该是婴儿出生就具备了建构人类心理学自我的能力，但需要后天的开发，并不是与生俱来就有一个五官俱全的自我。

当有了一定的黏附性认同，再经过神经系统的成熟和各种体验的刺激后，婴儿分别依次出现的是内摄认同（原始性的自恋认同），然后是内摄外投认同——这也称为个体水平上的投射性认同，再之是超我认同，接下来是俄狄浦斯后的部分认同，再接着是青春期的身份认同。等到认同程度增加，到了大约40岁人类又会开始进入一个解认的过程。我们可以观察到中、老年人的认同结构一步步地分解消失，直到死前，如果他的认同结构完全解离，他的自我会消失，从而坦然面对死亡。

在一个价值取向单元、稳定的社会，一个儿童成长为一个成年人，完成其身份认同并不是一个很困难的问题，而今天我们是处在一个价值取向多元化的世界，要达到这种认同的难度就比以往要难得多，这就是为什么现在会出现这么多心理疾病患者。从心理学的角度讲就是这个患者在认同上出现障碍，如何解决这个障碍是现代社会的精神卫生工作者面临的心理病理学研究的重大课题。

## 心理学知识：偏见

纵观各种可能存在的弱点，实在找不出什么比偏见更能伤害人的自尊和社会关系了，它是社会现实被扭曲的最佳佐证。人的偏见能够贬低人格，甚至还会毁灭人的生命。偏见，指的是针对特定目标群体的一种习惯性的态度，它包括支持这种态度的消极情感（厌恶）和消极信念（刻板印象），以及逃避、控制、征服和消灭目标群体的行为意向。

一旦人们对某个目标群体或个体产生了偏见，便会以固定的方式看待和对待对方。研究指出，对于不同群体的人，人们很容易表现出偏见。通常来说，人们都是借助社会分类过程将自己和别人分成一个个不同的群体，一旦某人被视为群体外的成员，多数会遭到不公平对待。这样的偏见严重起来的话，还会导致性别歧视、种族歧视。可见，许多偏见其实都是根源于社会分类。

偏见产生容易，要消除它却很困难，如何消除偏见，是社会心理学家们一直不懈探索的课题。他们试着得出了这样的结论，一是让敌对双方直接接触，令双方为了共同目标而相互作用。例如，有两组一直处于敌对状态的孩子，若是希望他们变得友好，最佳的途径便是将他们组织起来，让他们一同参与一项目标相同的合作性活动，当他们为了成功而相互依赖时，敌意便渐渐消失了。在某些情况下，友谊也有助减弱偏见。当个体与其所在群体之外的成员产生友谊时，也可消除偏见。友谊让人们对群体外的成员产生了解，使之逐渐认同和重视群体外的成员，去包容他们的社会规则和风俗习惯，最终成功消除偏见。

## 心理学知识：从众心理

所谓“从众”，指的是个人受到群体的影响或压力，使其在知觉、判断、信仰和行为上表现出与群体中大多数人一致的现象。

20世纪30年代，谢里夫进行了“游动错觉”实验，他发现，被试在判断亮点移动距离时会受群体影响。到了20世纪50年代，著名心理学家阿希又进行了多次知觉实验，明确证实“从众”现象是客观存在的。

在生活中，谁都难免会有从众心理，不从众有时便是“另类”的代名词，甚至会为人所嘲笑和排斥。群体成员影响下，个体之所以会出现“从众”心理，并作出相应的行为反应，主要出于以下几个原因：

第一，人在对事物作出判断或选择时，凭借的不仅仅是自己所掌握的知识经验，同时还倚赖即时获得的多数人提供的信息和知识。特别是当自己缺少相关的知识经验和参考构架，判断模棱两可，缺乏信心时，更容易为别人所影响，产生“从众”心理，将多数人的判断当作自己的判断或是直接模仿多数人的行为。

第二，人需要归属感，主观上有追求与群体规范相一致的倾向。通常，若是与群体中大多数人保持一致的话，在群体中的处境总不至于太尴尬；相反，若是喜欢标新立异，则常常会被孤立或是遭到惩罚。因而，即使在确认自己正确、多数人错误的情景下，人们有时也不愿越轨，不愿去对抗群体意见，所以表面表现仍会从众。

此外，个人的知识经验和个性品质、群体规模、群体凝聚力以及个人在群体中的地位同样对从众与否产生了重要的影响。

# 你和社会如何相处

与社会相处，是我们每个人时刻都在面临的问题。

根据心理学家的分析，人有五大类需要——生理需要、归属和爱的需要、安全需要、尊重的需要和自我实现的需要。

生理需要包括衣食住行，我们要就得和各个行业的卖家打交道；

归属和爱的需要，本身就是人与人、人与群体之间的关系；

尊重的需要，只能在与人交往中产生；

自我实现的需要，也要在人际交往的舞台上实现。

可见，人的五大类需要，都和人际关系相关。

我们每个人都是社会的一分子，作为社会中的独立个体，我们依附于社会而又独立于社会。那么，我们该如何与社会相处？

## 你是否具有社交障碍

### 情景测试

你了解自己的社交活动能力吗，是否知道自己的不足之处？下面这个测试，通过你在社交活动中的表现，看一看你是否有社交障碍：

1.如果你是一家公司的老板，你会采取哪种管理方式？

A.纪律严谨，高产高效

B.强调员工自我管理

C.聘请职业经理人

2.去健身房已经成为我们的一项日常活动，那么你去健身房一般会做什么运动呢？

A.有氧舞蹈

B.跑步机

C.每一种运动都做一下

3.旅行前，你如何处理你的行李问题？

A.请家人帮忙

B.想到什么准备什么

C.写一张清单，根据清单来做准备

4.怎样过生日，你会更开心？

A.和朋友狂欢

B.和情人浪漫

C.和平常日子没两样，不喜欢过生日

5.如果让你当演员，你会有什么底线？

A.不拍穿泳装或只穿内衣的戏

B.不拍接吻的戏

C.不拍全裸的床戏

## 计分方法

| 得分 题号 / 选项 | 1 | 2 | 3 | 4 | 5 |
|---|---|---|---|---|---|
| A | 5 | 5 | 3 | 0 | 0 |
| B | 3 | 3 | 0 | 3 | 3 |
| C | 3 | 0 | 5 | 5 | 5 |

## 完全解析

20分以上：你比较刻板、不善圆融。你经常感觉得不到别人认同，只能自己孤军奋战。你的人际关系网非常稀薄，遇到困难和挫折时，很难找到朋友帮忙。试着改变吧，其实改变并非你想象的那么困难。

13～19分：你经常纠结，在心里问自己“我能做到吗？”由于自卑作祟，你做起事情来前怕狼后怕虎，不是担心这个就是担心那个。你容易敏感，把别人的无心话当真，甚至自怨自艾。为了保护自己脆弱的心灵，你选择远离人群，独来独往。

6～12分：你是大家公认的“热心肠”，但也会因为过度热心，招致别人的不满甚至厌恶。你经常会有这样的困惑，与别人一见如故，关系迅速升温，时间一长进一步了解之后，双方反而会渐行渐远。

5分以下：你在社交中被人贴上了“缺乏真心”的标签，你认为食言而肥、约会迟到都是些小事情，但是次数太多给人们留下了漫不经心不负责任的印象。所以，基本上没有人愿意和你真心地交往。

### 心理贴士

我们在探讨自己在社交活动中的不足之处，或许对照自己在现实生活中的表现，确实或多或少有这样的不完美，因为我们知道，只有了解到自己需要改进的地方，对症下药，我们才能一步步变得更完善，不是吗？

## 心灵的围墙

### 情景测试

出于自我保护的本能，每个人都会为自己设立一道心灵的围墙。出于社会交往的需要，每个人都想去看看别人心灵围墙里的风景。

来吧，测一次你的心墙有多高？

如果有一个不是很熟的人突然对你开始百般讨好，你会怎样做？

A.以平常心与对方交往

B.“无事献殷勤，非奸即盗”，不动声色地提防他

C.即刻拒绝，这样就不用担心他有什么企图了

D.最近不知道怎么了，人缘总是很好，好高兴

### 完全解析

选择A：你是个坦诚的人，良好的心态会为你带来良好的人际关系。在你看来，对方只是想跟你做朋友，所以你可以很客观真实地表现自我，以

一颗平常心与对方交往，也不容易受到对方的影响。大多数情况下，对方即使另有所图，也会因为你的平常心和坦诚，自动打消念头。

选择B：你的心灵围墙比较高，自我保护意识比较强。面对陌生人，你会习惯性地启动自我防卫系统，以静制动，先摸清对方的意图。你成熟稳重，即使看破一件事情也不会轻易说破，避免为自己树敌。这样的社交模式，导致你的人际关系四平八稳，能交心的朋友并不多，但另一方面，敌人想暗算你也绝非易事。

选择C：你的心灵围墙太高了！你随时随地都处于高度戒备状态，尤其是对陌生人。长此以往，你的人际关系会越来越封闭，心理健康也会受到影响。也许你天生神经质，也许你曾经受到过伤害，不管什么原因，请你试着敞开一些心灵空间，其实很多时候，敌人是我们自己假想出来的。

选择D：你过于自我，考虑任何问题都把自己摆在首要位置，其实这样反而容易让人钻空子。当别人有所企图地接近你时，只要稍微对你殷勤一点，赞扬你一番，你就会不由自主地陷入自我期待中，完全打开心房，成为对方的傀儡。

### 心理贴士

在我们的日常生活中，不可避免地会与他人交流。一方面我们要筑起心灵的围墙来保护自己，另一方面不要忘了为心灵之城打开城门，城门应该只对那些别有所图、居心叵测的人关闭，而这样的人毕竟只是少数。过分的多疑、猜忌、不信任，会使人很难交到朋友，无法形成健康的人际关系，从而影响我们正常的学习和工作；而过度信任人，亦会让别有用心的人有机可乘。

## 你是否是一个合群的人

### 情景测试

在充满艺术气息的秋天，如果你和你的朋友第一次去参观美术馆，进门后有左中右三个方向，你会从哪里开始参观呢？透过参观的顺序来看一看你是否是个合群的人。

A.进门后向右参观。

B.进门后直行。

C.进门后向左参观。

## 完全解析

选择A：这是大多数人的选择，你是个自得其乐的人，不想引人注目。你善于自己平衡个人的不平与不满。大多数情况下，你不违反大众认可的意见，并能快速融入群体。“不求有功，但求无过”是你的人生信条，这种态度其实非常消极，你要注意适时调整。

选择B：你是个“直肠子”，喜欢直截了当。不过，你行事常常缺乏计划性，走一步算一步。总之，你是个乐天知命者，不在乎细微末节，总是少一根筋。

选择C：你属于极不合群的类型。你充满反情绪，并以此宣称自己“有个性”。实际上，你与人交往时比常人更为敏感，有时往往是懦弱的。总之，你排斥别人，只认同自己的想法。

## 心理贴士

在日常生活中，人们习惯于安然归属在被划定的范围内，就像A选项的人，只要不违反大众认可的意见，便能自然地融入其中。可是，往往社会中还有一种人，他们特立独行，笃定自己的人生观价值观，奉行自己的一套准则，在圆融的社会中显得格格不入，换句话说就是显得“不合群”。可往往这样的个性会带来不一样的风景，这样的人说不定能在新领域开创出一片新天地。

# 你不善于与什么样的人打交道

## 情景测试

有的人难以捉摸，可又不得不与他打交道，你是否经常面对这样的难题？你知道哪些人是你不知道该怎么接触的吗？其实从从送礼物的细节就能看出你不善于和哪种人打交道。

当你想送人礼物时你会选择哪种颜色的包装纸：

A：蓝色

B：黑色

C：紫色

D：红色

## 完全解析

选择A：你个性冷静，不擅长与感情起伏激烈的人相处。由于你自己很少感情用事，碰到喜怒哀乐表现过于激烈的人，会感觉非常不适应。对这种类型的人刻意迎合，会导致你疲惫不堪。

选择B：你不擅长与矫揉造作的人相处，因为你心胸坦然大而化之。你讨厌注重打扮而难窥其内在的人，更不愿意与其打成一片。其实，试着与这种类型的人相处，你可能会有意外收获。

选择C：你略有一些恋父或恋母情结，与具有包容力的人相处时，会觉得无所适从。面对亲切的上司、前辈常无法压抑自己的情感，从而产生严重的后果。你必须学会划分工作和私生活的界限。

选择D：你是一个有条不紊的人，因此难以与懒散的人相处，你无法忍受他们的拖拉与邋遢。其实，从总体上说对方也许是个不错的人呢，原谅他的粗枝大叶吧，拥有一颗包容的心对你很重要。

心理贴士

所谓“道不同不相为谋”，不管你多么努力，即使你内心很欣赏，但是就是无法和有些人打成一片。不过没关系，每个人都有自己的社交领地，无需强求自己去应付招架不了的人。

## 社会应对能力测试

### 情景测试

在社交场合，你的临场反应如何，思维清晰到什么程度？这里考察的是社交应对能力，是社交能力中重要的一环。

你想知道自己是灵活多变还是按部就班呢？请根据你的实际情况，认真考虑下列问题，从所备选答案中选出适合你的一个，测一测你的社交应对能力。

1.你上个月的工作业绩不错，但到发奖金时却没得相应的奖金。你的一位知心朋友告诉你说：“这是因为某某在‘头儿’面前说了你的坏话。”你听了后：

A.很生气，要找经理讲讲清楚

B.首先对自己上月工作进行反思，必要时澄清一下

C.生闷气，有想喝酒的冲动

2.你是个有妻子（丈夫）的正派人，由于工作需要常和某女士（男士）来往接触。当耳闻有人对你们捕风捉影，妄加议论，你会：

A.下决心要找出造谣者并给他难堪

B.尽量不去理会，以前怎么干还怎么干

C.感到委屈，为了不使人议论想过辞掉那个工作

3.你和同事外出办事，因缺乏某方面知识而办了一件尴尬事，回来后同事拿你当众寻开心。这时，你会：

A.面红耳赤，觉得下不来台

B.和同事们一块大笑，事后说明原委

C.揭对方老底

4.你因工作表现出色而被提升，同事们要你请客。这时：

A.你认为没必要而婉转拒绝

B.你感谢同事们关照，必要时有个表示

C.你只找几个要好的朋友到餐厅吃一顿

5.你因工作中一时失误，受到上司批评处罚。原来和你不错的人不但不来安慰你，反而躲得远远的。你的反应是：

A.在别的朋友面前骂他是白眼狼、势利眼、没良心

B.认为是人际关系中无法避免的，尽量不介意

C.随他的便，地球照转

6.你的一位很要好的朋友因工作变动要离开你到另一个单位去。你会：

A.为他饯行，祝他如意

B.不冷不热，听便

C.陈说利害，设法不让他离开你

7.你们公司从外地购来大鸭梨出售。掌秤的人给别人秤的都挺好，但轮到给你称时却大小不一，还有烂了的。这时，你：

A.认为这是偶然发生的，并不是故意与你为难，高兴地付了钱

B.你心中不悦，认为他不公平，但还是付钱了

C.你认为他见人下菜碟，倒掉不要，悻悻而去

8.市场上某种食品涨价了，而这种食品又是你平日喜欢吃的，你怎么办呢？

A.少买些，但把菜谱适当调整一下

B.它涨它的，照买不误

C.大发牢骚，但还是买

9.你有一门远亲患病，从外地投奔你，请你帮助联系医院或请名医治

疗，而你工作非常忙，住宿还是个大问题。这时，你将会：

A.尽管有困难，但热情接待，想法满足他的要求，劝他多住些日子治疗

B.热情接待，但告诉他你爱莫能助，请他谅解

C.厌烦之情溢于言表，借故推托了事

10.你的朋友、同事、邻居中，有人结婚、生日、迁居等，难免要破费一点。你会：

A.尽管要花点钱，还是选点有特色的小礼品表示心意

B.你假装不知道或借故躲开

C.你对一般人不屑一顾，但对体面的人则送以重礼

11.朋友借了你一笔钱，可过了很久总不还你。你不了解他是一时无力偿还是忘在脑后了，而你近期又急用这笔钱，你怎么办呢?

A.只好等一等再看

B.你找到他讨要

C.请一位与你与他都要好的朋友去提醒一下

12.你为孩子买了一件不合适的衣服，想退货，却遭到拒绝。你会：

A.心里有气，回到家里把衣服丢在一边

B.和售货员大吵大闹，引来众人围观

C.找到经理说明情况，希望商量一个双方能接受的方案

## 计分方法

| 题号<br>得分<br>选项 | 1 | 2 | 3 | 4 | 5 | 6 | 7 | 8 | 9 | 10 | 11 | 12 |
|---|---|---|---|---|---|---|---|---|---|---|---|---|
| A | 3 | 3 | 3 | 3 | 1 | 5 | 5 | 5 | 5 | 5 | 3 | 3 |
| B | 5 | 5 | 5 | 5 | 5 | 1 | 3 | 3 | 3 | 3 | 1 | 1 |
| C | 1 | 1 | 1 | 1 | 3 | 3 | 1 | 1 | 1 | 1 | 5 | 5 |

**完全解析**

41～60分：你的社交应对能力非常棒！你具有健康的分析力和迅捷的反应能力，善于用合乎逻辑的方法解决人际交往中出现的难题。

23～40分：你的社交应对能力还可以，但偶尔会出现拿捏不准或偏激冲突的倾向。

12～22分：你的社交应对能力还需要锻炼和强化，处理问题不善变通，不会考虑后果，你的社交网会因此受到影响。

**心理贴士**

中国有句老话，穷则变，变则通。道路通常不是只有一条，懂得变通，不一根筋，事情往往能够妥善解决。人际关系中也是如此。

## 面对不喜欢的人怎么办

**情景测试**

通过下面这个测试，你可以了解自己在处理人际关系时是否很圆滑，能否把握好双方的心理战术，是不是人际关系的高手。

世间有这样一类人，当面不说，背后乱说。你偶然间发现，你一直认为对自己很好的人，原来在给自己使坏，一时间你很气愤。当你再次面对他时，你会：

A.表面上与对方笑脸相迎，实际上对对方心存戒备

B.对对方以诚相待，相信自己能够感动对方

C.开门见山，一语道破，不给对方留面子

D.与对方保持距离，态度不冷不热

**完全解析**

选择A：你是心理战的高手。你能理性地面对这种有心机的人，体现了

你的谋略和智慧。不过，你也许不知道，对朋友甚至亲人，你也很可能习惯性地运用自己的心理战术。

选择B：你没有什么敌我意识，对人完全不设防，在朋友及亲人的印象里，你形象良好。你相信“将心比心，坦诚相见”，这是优点，不过也需警惕不怀好意的人，古语“防人之心不可无”还是有道理的。

选择C：你是个直来直去的人，迂回战术是你认知的盲点。不管有没有明确的证据，只要你知道了某个阴谋，你都会迫不及待地向众人说出你所知的信息。你和同类人非常投缘，但也会树立不少敌人。简单地说，你的人际关系将会很明显地分成两派：一派就是和你意气相投的朋友，一派就是喜欢用计的敌人。

选择D：你最大的武器是以不变应万变。你拙于心计，也不善于经营人际关系、主动承担和解决问题。但是，你沉得住气，不管敌人如何奸诈，都很难找到你的破绽，也无法跟你纠缠下去。因此，你的人际关系比较封闭，敌人应该也不多。

### 心理贴士

每个人生活中都会遇到不喜欢的人，与他们的相处模式会显示出你的社交性格。只有气场对头的人才会聚在一起，比如说拙于与他人玩心计的人，可能不善于主动去掌握人际关系，心思简单之人的周围也会是不喜欢用心计的人，在这样轻松的人际氛围中，收获的一定是轻松的心情。

## 你的人际关系优势

### 情景测试

你最好的朋友，即将要移民到英国去了，过两天刚好是他的生日，你为他办了一场生日惜别会，在惜别会中你最想对他说的话是什么？

A.你要常常和我联络喔

B.有空要常回来看我

C.有机会我一定会去找你

D.我会想念你的

## 完全解析

选择A：你在朋友圈子里是个阳光型的人物，大家会亲切地叫你“乐天派”。你不仅自己能从容地面对所有的问题，还能把这种力量传递给朋友和亲人。和你在一起时，大家都会被你们的自信和快乐传染，一切烦恼迎刃而解。

选择B：你比较理性，聪明并且有主见，有时会让别人觉得你有一点强势。朋友们遇到困难时，你能运用自己的聪明才智，帮大家渡过难关。

选择C：你很感性，人缘超好。你善解人意、温柔贴心，与你相处时，朋友们都感觉轻松自在，如沐春风。当朋友们受到伤害时，你的善良和热情又是一剂良药，因此，你在人际交往中的受欢迎程度是毋庸置疑的。

选择D：你成熟且理智，目标明确，思路清晰，不会被别人的意见或看法所左右。自己或朋友遇到麻烦时，你会冷静地分析和判断，抽丝剥茧，寻找最好的解决方案。因此，你是大家心目中最佳的领导型人选。

## 心理贴士

发现了自己的优势还要善于运用，否则你的优势就是白白浪费，毫无价值。就像一颗钻石，如果沉在海底，就无异于破铜烂铁，只有把它捞上来，真正使用，它才能体现它的价值。每个人最大的成长空间在于其最强的优势领域，多花点时间把自己的优势发挥到极致，社交活动中也是如此，发挥你的优势，也能增加你的自信。

# 你的交际圈

## 情景测试

从选房子可以看出你的交际圈。在找房子的你，选客厅大一些的还是邻居住有名人的，或是大象也踩不坏的房子？每个人都有各自的挑选方法吧。那么你的最低要求是什么？在房租和房间大小都一样的情况下，你重视以下哪个条件呢？

A.离学校或公司近的

B.崭新的漂亮的房子

C.风水好的房子

D.离中心近，方便出入的

## 完全解析

选择A：你喜欢和顺从型的人交朋友，平时相处、甚至是你任性时，都希望大家能无条件地迁就、附和你。

选择B：你是个爱面子的人，在意别人眼神，选择朋友时，有时会把外形摆在内涵前面，认为和外形好的朋友走在一起令你更有面子。

选择C：你喜欢沉默寡语、非常独立的人。你不注重外貌，喜欢精神依赖，希望朋友能和自己一条心。

选择D：你善于交际，会活跃气氛，朋友遍天下。

### 心理贴士

人际交往范围不广的心理特征：1.美好愿望与心理准备脱节；2.心理闭锁与渴求理解矛盾；3.缺乏人际交往的方法和技巧。在这样一些心理状态的支配下，就很容易形成固有的一些人际交往的障碍。解决矛盾的办法：1.充分全面认识自我，调整理想和抱负水平；2.充分全面了解社会现状，包括成材条件、就业情况和创业前提；3.掌握一定的人际交往策略，特别是要有包容之心，学会欣赏他人、赞美他人，同时在人际交往当中不能迷失自我。

# 人际交往协调能力鉴定

## 情景测试

我们都生活在集体中，都要和周围的人打交道。你与别人打交道时，让人感觉愉悦吗？下面这个测试，能看清你的人脉是否过硬。

1.如果你是一个大一新生，一次偶然的邂逅，你喜欢上了一个比你大很多的校友前辈，你们交往了很久之后才知道他已经成家了，你会如何处理这段感情呢？

坚持跟他好下去→3

立刻终止这段感情→2

2.暑假里，你抽到一张国外游往返机票，旅行地是澳大利亚或意大利，你希望去哪个国家呢？

澳大利亚→4

意大利→3

3.如果你是一位新生代作家，一份时尚报纸请你写专栏，你会写哪种类型的文章呢？

都市白领的感情生活→4

旅行札记→5

4.如果你发现你的好朋友正在策划如何陷害班长，你会如何做呢？

立刻告诉班长→6

虽然不赞同这种做法，还是站在好朋友这边→5

5.假如你捡到一条名贵的小狗，会怎么办呢？

赶紧带回家→7

在原地等失主→6

6.暑假里有以下两份兼职工作正等着你，你会选择哪一个？

幼儿园美术老师→8

手机促销员→7

7.假如你在逛街时偶遇心仪已久的明星，你会怎样呢？

赶紧索要签名或跟偶像合影留念→8

围上去仔细看看→9

8.如果你是一个刚刚从电影学院毕业的新人，你希望出演的第一个角色是什么？

命运坎坷的女一号→10

搞笑的女三号→9

9.如果有一位相貌英俊的聋哑男子对你表示爱慕之情，你会如何应对呢？

对他的好意说谢谢，表示只愿与他成为普通朋友→11

一口回绝→10

10.外出旅行，你最担心的是什么事情呢？

吃不到对胃口的东西→11

交通是否便利→13

11.好朋友失恋了，你会如何陪她度过这段郁闷的日子呢？

一有机会就开导她鼓励她→12

尽量将就她，陪她哭陪她笑→B类型

12.你无法在预定时间内完成朋友拜托之事，会如何解释呢？

直接说明自己没有完成事情的原因→F类型

说自己得了重感冒，所以才没时间做事→13

13.如果你是一家礼品店的店员，这天有一位害羞的男生来买送给女朋友的礼物，你会推荐什么给他呢？

温暖的抱抱熊或纯银首饰盒→C类型

搞怪玩具或女巫帽→14

14.假如你在乘车的时候看见一个小偷正在掏老婆婆的钱包，你会怎么做呢？

立刻大喊“抓小偷”→A类型

狠狠瞪着小偷或暗示老婆婆→15

15.如果你是一位实习护士，你希望照顾哪种病人呢？

儿童→E类型

老人→D类型

## 完全解析

A类型：你不喜欢闪烁其词，半遮半掩，一般是开门见山，有话就说。由于性格直爽，当你与交往对象产生误会时，你会极力解释，哪怕当众向对方认错，也不会觉得不好意思。随着交往加深，朋友们将会越来越信任你，并理解你偶尔的小错或急脾气。

B类型：你的人际交往协调能力还有很多不足，你的不自信、害羞造成你无法准确到位地表达和解释自己，以致于出现问题不能及时、彻底解决。更严重的是，对于棘手问题，你干脆选择逃避。大胆地说出自己的想法吧，别担心丢了脸面，与周围的人相处融洽会有助于你自信心的培养。

C类型：你个性偏于柔弱，缺乏果断的判断力，虽然你提倡和平主义，但在协调能力方面还是有些问题。该表明立场时，你态度不明确，影响朋友对你的信任。人际交往中，你要学会抛开自己的狭隘，多跟充满行动力的人相处。

D类型：你爱动脑子，但不会轻易说出自己观点，较含蓄。你立场不坚定，给人感觉风吹两边倒。因此，表面上你跟大家处得都不错，实际上哪边的人都觉得你不是自己人。你的协调能力有些小问题，只要你能认清自己的信仰，大家会接受你的。

E类型：你的自我表现欲比较强烈，有一定的交际手腕，处事圆滑，协调能力也很不错。不过，你喜欢关心比自己弱小的人，在对比中获得满足。你要注意提升自己的实力，人际交往不只是靠手段，内在实力也很重要！

F类型：你的协调能力非常好，大家提起你总是赞不绝口。你总能设身处地替别人着想，尽可能为遇到困难的朋友提供帮助。虽然与人分忧也难免给自己带来一些小麻烦，但获得大家的一致好评是对你的最大回报。

**心理贴士**

人际协调能力是一种极为重要的能力，它不仅关系到个人的生存发展，更关系到社会的稳定进步，所以，社会学界、心理学界、教育学界，均已形成共识，人际协调能力是人的素质的重要组成部分。人无法离群索居，每个人每天都需要从他人那里获得信息，学习他人的经验和智能，以及沟通协调，合作完成工作，所以人际交往能力的培养是十分必要的。

## 测测你对陌生人的防范意识

### 情景测试

虽然我们提倡人际交往中要坦诚相对，但也不是对所有人都要敞开心扉，毫无保留。社交防范意识也很重要，下面就来测试一下你的防范意识：

如果有个陌生人向你搭讪，然后就像幽灵般总是出现在你身边，对你献殷勤，这时候你会怎么对待这个人呢？

A.认为对方肯定另有所图

B.觉得自己魅力没法挡

C.平静地与对方交往

D.马上断绝别人的机会

### 完全解析

选择A：你的防范意识很强。对于陌生人，你具备高度戒心。正因为如此，你择友也很慎重，乱七八糟的狐朋狗友无法越过你的防线，身边的朋友都是可信赖的。心怀不轨的人，很难欺骗和伤害到你。你性格沉稳，不惧那些心怀叵测的人，能见招拆招。

选择B: 你以自我为中心，考虑任何问题都把自己的利益摆在首位。由于为自己考虑得多，你觉得自己不容易被别人算计，其实恰恰相反，你容易暴露自己的弱点并被人利用。陌生人只要对你有求必应，把你说成捧在手心的公主，你就飘飘然失去理智，很快落入别人早已布好的陷阱。

选择C: 你没有防范意识，对任何人都没有戒备。你认为人与人之间的关系其实很简单，不应该弄得太复杂。你的心灵很纯洁，觉得别人都只是想跟你做朋友。其实你骨子里是寂寞的，希望得到更多的朋友。你以平常心与人交往，顺其自然，大部分时候，别人对你即使另有所图，也会被你的纯真融化。

选择D: 你缺乏安全感，也缺乏信心。你不愿轻易给别人机会，封闭在自己的小小世界里，用这种方式避免别人的闯入可能造成的伤害。你对这个世界采取敌对态度，这对自己不好，也造成了朋友太少的后果。

心理贴士

过分的多疑、猜忌、不信任，会使人很难交到朋友，无法形成健康的人际关系，从而影响我们正常的学习和工作；而过度信任人，亦会让别有用心的人有机可乘。因此防范意识要把握好度。

## 你是否有社交恐惧症

### 情景测试

与陌生人交谈，你会不会感到惶恐，脸红、出汗、心跳加快，甚至说话结巴、手足无措？这种现象就是“社交恐惧症”，普遍存在于性格内向的人，尤其是年轻女性身上。

看看下面的测试，每个测试有四个选项：A.从不或很少如此，B.有时如此，C.经常如此，D.总是如此。选择最符合自己情况的选项：

1.我怕在重要人物面前讲话。

2.在人面前脸红我很难受。

3.聚会及一些社交活动让我害怕。

4.我常回避和我不认识的人进行交谈。

5.让别人议论是我不愿的事情。

6.我回避任何以我为中心的事情。

7.我害怕当众讲话。

8.我不能在别人的注目下做事。

9.看见陌生人我就不由自主地发抖、心慌。

10.我梦见和别人交谈时出丑的窘样。

## 计分方法

选择A得1分； B得2分；C得3分；D得4分。

## 完全解析

1～9分：恭喜你！你没患社交恐惧症。

10～24分：你已经有了轻度症状，要注意及时矫正。

25～35分：你已经处在社交恐惧症中度患者的边缘，是时候去医院求助精神科医 生了。

36～40分：你已经是严重的社交恐惧症患者了，但不要害怕，请尽快去找助精神科医生。

## 心理贴士

因为未知，所以恐惧。社会交往活动是基于沟通的感情交流，而感情的交流有很多种，通过语言、动作或者表情。很多人在面对陌生环境时都会感觉紧张，但这种紧张并不会影响到他的正常表现，这样的社交恐惧只是对于陌生的、未知的，所要面临的环境的恐慌。社会交往也是一种技能，熟能生巧的规则同样适用，尝试多与别人沟通交流，你会变得在社交活动中越来越得心应手。如果是很严重的社交恐惧，那么，亲爱的，还是找专业的医师做专业的治疗吧。

## 心理学知识：自我防卫

我们常常不能理解周围人的一些反常举动，其实，这些举动可能是一些心理问题的表现。比如自我防卫，又称“自我保护法”。指的是，当自我受到本我和超我的威胁而引起强烈的焦虑和罪疚感时，焦虑将激活一系列防卫机制，以某种歪曲现实的方式来保护自我，缓和或消除不安和痛苦，以求得心理安宁。

自我防卫也称“防卫机制”或“心理防卫机制”，其实是自我用来应付本我和超我压力的一些防卫手段。这一术语是弗洛伊德在1894年首先提出来的，后来经过他的女儿系统研究和整理，从而更加完善。

根据不同的标准，防卫机制有成熟性防卫与不成熟性防卫、积极防卫与消极防卫等多种分类，表现主要有12种：

（1）压抑，包括原压抑（阻止本我冲动进入意识层）、初压抑（将意识中的焦虑排回到潜意识）、次压抑（潜意识浮现到行为中的个别部分要随时提醒自己）。本质上，这种表现都是把意识所不能接受的情欲、观念抑制到潜意识中。

（2）否认，简单说，就是对某种痛苦的现实加以否定。

（3）合理化，也称文饰作用。其实就是辩解自己行为的动机，不是客观地面对事实，而且寻找自我能接受、超我能宽恕的理由。

（4）投射（或外投、推诿），遇到问题不从自身找原因，而是把不能接受的或不好的欲望、冲动和意念归咎于别人。

（5）内投（或摄入作用），即将本来指向外界的敌视、攻击、伤害等冲动和感情转而指向自身。

（6）反问形成（或反向作用），对于自己内心难以接受的观念和情感，以相反的态度和行为表现出来。

（7）升华，这是最积极的富有建设性的防御机制，即将本能的性欲冲动转化到社会容许或赞许的目标和对象上去。

（8）解脱（或抵消），对于已经发生的不愉快的事情，用一种象征性的事物来抵消，而不是直接面对。

（9）认同（或自居作用），即自我与某一对象潜意识的视为等同，以解脱自我焦虑。

（10）固着（或固恋），通过刻板化的习惯反应和停滞的行为方式，来摆脱困境。

（11）退行（或倒退），即个体发展到相当阶段因遭到挫折而重新倒退到较原始的发展水平。

（12）幽默，即个体遇到困境时以幽默的方式加以解脱。

精神分析中将防卫方式视为潜意识行为，原因在于，它成为习惯反应后，当事人未必能自觉。需要说明的是，防卫方式不是一种病，在正常人身上是存在的，它对维护心理健康也是有用的。但是，如果运用不当，个体可能被视为心理失常或神经症者。

## 心理学知识：社交恐惧

暴露于公共场合而产生的紧张情绪普遍存在，对于有些人，甚至能激发更大的能量。例如有的人当众演讲，比平时练习时发挥得更好。

但对于社交恐惧症者来说，问题就没那么简单了，在公共场合他们会感到无法承受的恐惧。社交恐惧症主要可以分成两类。

一般社交恐惧症：一般社交恐惧症者总觉得自己是别人注意的中心。走在路上，到饭店吃饭，这类很平常的活动，他们都觉得周围的人在看着自己，从而将自己的紧张情绪放大，以致于每个小动作都小心翼翼。他们喜欢处于封闭的环境中，以获得更多的安全感和放松情绪。对于去商场和饭店这些公共场合，他们都会感到压力。在生活和工作中，他们缺乏自信，害怕与陌生人接触，不敢和老板、同事或任何人进行争论，捍卫自己的权利。

特殊社交恐惧症：特殊社交恐惧症者，只对某些特殊的情境或场合恐惧。他们与人交往没有问题，加入群体谈话游戏都很正常，但是在一些特定场合就判若两人。比如有的人害怕上台表演或者当众演讲，一面临这种场合他们就会感到极度的恐惧，常常变得结结巴巴，甚至愣在当场。

这两类社交恐惧症都有类似的躯体症状：口干、出汗、心跳剧烈、想上厕所。周围的人可能会看到的症状有：脸红、口吃结巴、轻微颤抖。有时候，患者发现自己呼吸急促，手脚冰凉，最糟糕的结果是，患者会进入惊恐状态。

社交恐惧症无疑是非常痛苦的，而且会恶性循环。患者一旦发现了自己的症状，自信心就会受到严重影响，越害怕，下次临场时就越紧张。时间一长，患者就会逃避某些场合甚至人际交往，朋友越来越少，自己也觉得乏味，从而变得敏感。症状恶化，患者就会越来越自我封闭。

对一般人来说轻而易举就能办到的事，对社交恐惧症患者来说却难于登天，他们不得不错过许多有意义的活动。他们不能逛商场买东西，不能建立正常的两性关系，不能带孩子去公园玩，甚至为了避免和人打交道，他们不得不放弃很好的工作机会。

## 心理学知识：沟通

人们每天通过各种方式与不同的人沟通，交谈、读书看报、上课、听广播、看电视、畅游网络，这些都是沟通行为。

沟通是人际交往的途径，沟通使人们的观念、情感和思想进行交换，沟通有助于建立和维持人与人之间的相互联系，沟通有助于认识自我、认识他人。

沟通障碍有三种类型：个人障碍、物理障碍和语义障碍。

个人障碍。个人障碍指由于人的感情、价值观或者不好的倾听习惯而产生的沟通障碍，另外还包括人们在受教育程度、种族、性别、社会经济地位和其他方面的差别引起的沟通障碍。个人障碍在工作中是普遍存在的。人们会以自己的好恶决定沟通对象及内容，即俗语说的“酒逢知己千杯少，话不投机半句多”。如果一个人对另一个人的说话方式很反感，就会导致两人之间的心理距离，沟通效果也将大打折扣。人们沟通实际上是对客观事实的解释，而不是客观事实本身。如果沟通双方的知觉比较近似，沟通就会更为有效。

物理障碍。物理障碍指在人们沟通的环境中存在的障碍，突然出现的干扰噪声，就是一个典型的物理障碍。其他物理障碍包括沟通对象之间的距离、墙或干扰无线电信号的静电。人们已经意识到物理障碍的重要性，并努力转换为积极因素，比如说，整洁的环境，开放式的办公环境等都会影响来访者的知觉。再比如，沟通双方维系适当的物理距离。了解和观察有关各类不同关系（亲密关系、朋友关系、工作关系或陌生人等）的普遍做法是十分重要的，而这些习惯必然也反映了文化之间的差异。因此，信息传递者应当了解文化规范以及接收方的偏好，并努力理解和适应它们。

语义障碍。语义学是有关语言含义的科学。几乎所有的沟通都是符号的沟通，是通过使用有特定含义的符号（文字、图画和动作）实现的。这些符号必须被接收者解码和解释。但符号自身是有局限性的，比如它的多重含义及不同理解，这种局限性导致了语义障碍。不同文化范围的人，使用不同的语义，他们进行沟通时，就会产生语义障碍。全球经济一体化正在形成，跨文化沟通也随之频繁，语义障碍是当今各文化区共同的课题。因此，推断可能造成对信息的错误理解，我们必须警惕它们，对它们进行仔细的评估。一旦产生怀疑，就要及时地搜寻更多的信息。

# 你是否是个“社交达人”

在家靠父母，出门靠朋友。一个人在社会上打拼，有好的人际关系可以让自己更快地接近成功。但是，朋友并不是用来利用的，所谓“养兵千日用兵一时”，只有平时维护好人际关系，才能在事到临头时不致慌乱。

## 你容易得罪人吗

### 情景测试

你会不会时不时觉得自己很孤独，被同事、朋友孤立着，当看见他们的时候总觉得他们对你充满敌意，对方看你的眼神都是充斥着轻蔑、嘲讽和不快？快测试一下自己是否真的在社交中扮演着得罪人的角色，看看自己的社交能力行不行。

如果你的朋友不小心弄坏了你心爱的东西，你会：

A.要求对方照价赔偿

B.宽宏大量，不会生气

C.算了!自认倒霉，只能气在心里

D.大发雷霆，把对方骂得狗血淋头

### 完全解析

选择A：你是一个中立的人，你觉得人与人之间的相处都是对等的，没有谁该怕谁，谁一定是领导，因此，你对人对事的态度很客观，不会先给别人下标签，也不会把自己的敌我意识先摆出来或者是先设定自己的受害意识。总的来讲你这样的为人处世之道会得到大多数人的认可。不过，一些自我意识较强的人觉得你不懂得人情世故，他们也会觉得你这样是得罪他们了。基本上来讲，你的这种做法通常是适用的，但会阻隔人际关系的进一步发展。

选择B：你在别人眼中是一个老好人，你在为人处世上很尊重对方的自尊和价值，对方就觉得自己受到了重视，所以对你的评价也比较高。正常人都会很感谢你，并且把你当作好朋友。在处理人际关系时，你会把他人的价值放在首位进行考虑，你会自觉地站在对方的立场来考虑利害得失。就是因为你重视朋友、给朋友面子，所以你的人际关系应该是很融洽的。

选择C：你很怕得罪人，很多时候当你受委屈时就会自认倒霉，也不会反抗，但你的心底下是很愤怒的，属于敢怒不敢言的状态。整体来讲你是一个委曲求全的人，你很怕自己的和别人形成敌对状态，你害怕一旦与别人对立会造成自己的心理压力和精神负担，你对自己在处理人际关系上很不自信，所以宁愿自己吃一点亏，都不想破坏了这个局面。其实你这种压抑自己情绪的做法是对自己最大的伤害，久而久之你会真正地脱离群体，自我封闭，独自生活在自己的世界里。

选择D：在你的观念中，朋友是互相利用的，朋友的价值是远不如自己喜欢的东西重要。正因为如此你很少有真正的朋友，有的朋友发展到最后还会成为你的敌人。事实上你这种处理人际关系的方法是错误的，因为你对待朋友这个问题上认识就有偏差，很多时候你并不是要敌对某些人，但你就是不相信别人，觉得人际关系要真正走到心里面很难，你会觉得朋友都是暂时的，真正可以给你安全感的，是摸得到、看得到的财富或物质。某个角度讲你是拜金主义者，作为一个商人可能就是唯利是图了。交朋友应该放下这些原有的价值观念，不然你的朋友会觉得被利用、不受尊重，而渐渐离开你，久而久之你的朋友也就越来越少，敌人就越来越多。

### 心理贴士

处理人际关系时，一定要保持一个度，这个度是应该怎样的呢？那就是要时刻注意自己的言行举止，说话要注意分寸，千万不要说出什么不合适的话，以免得罪别人，甚至无端地给自己树敌。

## 睡姿测试你的异性缘

### 情景测试

世界上没有相同的两片树叶，没有相同的两个指纹，就连人们睡觉的姿势也不尽相同。有些人的睡姿很有气势，成“大”字形，古代称这种睡姿是皇帝相；有些人的睡相很美，睡姿就像白雪公主、睡美人一样优雅，看了都会忍不住想摸一下她的脸颊；还有些人睡觉能把人乐死，第二天早晨都找不到他在哪里。现在就来看看你的睡姿，探探你对异性的关心度吧！

你经常会以什么样的睡姿睡去呢？

A.脸朝上，双手交握放在身上

B.喜欢用手抓住娃娃或被子

C.睡觉时手放在头或头发附近

D.侧睡，双手自然垂放在腿上

E.以上皆非

### 完全解析

选择A：你的身边经常围着一大群人，但却鲜有异性，也就是说，你适合做朋友，却不适合做情人，你认同这个观点吗？你的开朗和大度让你的身上满是“好朋友”的光环，但是也许正是由于这束光环太过耀眼，才刺得很多异性不敢靠你太近。怕你太过优秀，一旦追求你，就会成为众人攻击的对象；或者怕你太豪爽，没有女孩该有的温柔和细腻。如果你现在想谈一场恋爱，就稍微收敛一下你在同性朋友中所散发的魅力吧。

选择B：你不会轻易和异性交朋友，因为你对异性的警戒心是天生的。你和异性在一起时精神会高度紧张。你很重视与异性的精神交流，崇尚柏拉图式的精神恋爱，有时会太过严肃。学会轻松地对待身边的人和事吧，那你就可以轻松地和异性相处。

选择C：你很在意自己的外表，想通过外表来吸引异性的注意，并获得你想要的赞美。这种刻意源于没有足够的自信去赢得他（她）的心。积极地改变自己是一件好事，要让自己由内而外地自信起来，你就是最美的。

选择D：你对异性颇为注意，但你只停留在想法上，并不付诸行动，所以机会总是白白溜走。如果你总是停留在空想的状态，纵是良辰美景也是只是虚幻呀！赶紧行动吧！有花堪折直须折，莫待无花空折枝。

选择E：你是一个可以长时间独自生活的人，迄今为止，异性和同性对你来说没什么大区别。你对所有的人或物都一视同仁，而且能相处得很好。你的异性朋友也许不少，但还没有发展到男女朋友的阶段，别着急，慢慢来吧！

**心理贴士**

人在睡觉的时候警惕性最低，这个时候的表现就是内心感情的真实流露。如果你不知道自己到底是什么性格，不如对比一下自己的睡姿，就能一目了然了。

## 测测你的人缘

### 情景测试

请你根据自己的实际情况，对下面15个问题如实回答，然后对照后面的分数统计表计算分数，再看分数评语，你就会知道自己是否善于交朋友，以及人缘如何了。

1.当你和朋友们相处得很愉快时，你觉得是什么原因：

A.你觉得他们很有趣，玩得开也懂得玩

B.朋友们都喜欢和你相处

C.你认为是应酬，你不得不这样做

2.当你休假的时候，你是否：

A.很容易就交上朋友

B.比较喜欢自己独处，安静地消磨时间

C.想交朋友，但觉得为人处世是一件难事

3.当你安排好见一个朋友，但今天感到很疲倦了，你是否：

A.告诉他实情，希望他会谅解你

B.还是尽力去赴约，并调整好情绪，让自己过得愉快

C.到朋友那儿去了，说出实情并表示要早点回家

4.你和朋友的关系一般能维持多长时间？

A.一般情况下可以融洽相处很长时间

B.有共同感兴趣的东西时，也可能一起待几年

C.一般时间都比较短，有时是因为迁居别处

5.一位朋友告诉了你一个非常有趣的个人问题，你是否：

A.尽自己最大努力守住这个秘密

B.听过就算了，没有想过把它传给别人听

C.当朋友刚离开，你转头就告诉别人了，并且议论了一番

6.当你有问题的时候，你是不是：

A.觉得自己可以应付这个问题

B.会请求信任的朋友帮助

C.先自己应付，但问题太严重了就找朋友

7.当你的朋友有困难时，你是否发现：

A.他们会第一个向你求助

B.只有那些和你关系密切的朋友才来找你

C.一般朋友们遇到再大的事也不会找你帮忙

8.你要交朋友时，是不是：

A.通过你已经熟识的人

B.任何场合都可以交朋友

C.必须经过长时间的考虑、观察，甚至可能经历了某种困难之后才交朋友

9.在下面的三种品质中，你认为哪一种是你的朋友应该具备的：

A.可以让你感到快乐和幸福的能力

B.值得信赖、为人可靠

C.对你感兴趣

10.下面哪一种情况对你最为合适，或者接近你的实际情况：

A.我可以把朋友们逗得开怀大笑

B.我经常抛出一些问题让朋友们深思

C.只要有我在场，朋友们就不会觉得无聊、乏味

11.假如你应邀参加一次活动，或者在聚会上唱歌，你是否：

A.假装身体不舒服不去

B.饶有兴趣地参加

C.当场就谢绝邀请

12.对你来说，下面哪个是真实的？

A.我喜欢夸奖和称赞我的朋友

B.我认为一个人诚实最重要，所以我常常会出现与他人不一样的看法，最讨厌一味附和别人的人

C.我不会去批评我的朋友，但也不会奉承他们

13.你是否发现：

A.你只是同那些能够与你分担忧愁和欢乐的朋友相处得很好

B.一般来说，你可以和周围的人都和睦相处

C.有时候你甚至和对你漠不关心、不负责任的人都能相处下去

14.假如朋友对你恶作剧，你是否：

A.笑一笑就过去了，反正只是恶作剧

B.心里有怒气，但不会说出来

C.可能大笑，也可能发火，要看当下的情绪

15.假如朋友想依赖你，你有什么想法？

A.觉得朋友之间还是有一定距离好，毕竟每个人都有自己的生活

B.很不错，我喜欢让别人依赖，本来我就是一个可靠的人

C.我对此持谨慎的态度，可以的话尽量避免我要承担的某些责任

## 心理贴士

| 选项 \ 得分 \ 题号 | 1 | 2 | 3 | 4 | 5 | 6 | 7 | 8 | 9 | 10 | 11 | 12 | 13 | 14 | 15 |
|---|---|---|---|---|---|---|---|---|---|---|---|---|---|---|---|
| A | 3 | 3 | 1 | 3 | 2 | 1 | 3 | 2 | 3 | 2 | 2 | 3 | 1 | 3 | 2 |
| B | 2 | 2 | 3 | 2 | 3 | 2 | 2 | 3 | 2 | 1 | 3 | 1 | 3 | 1 | 3 |
| C | 1 | 1 | 2 | 1 | 1 | 3 | 1 | 1 | 1 | 3 | 1 | 2 | 2 | 2 | 1 |

## 完全解析

36～45分：你可以和周围的朋友都相处得很好，大家对你的评价也很高。因为你可以在平凡的生活中找到很多乐趣，有时候只是一个冷笑话也能博得大家的笑声。总的来说你有着比较丰富多彩而且充实的生活，在朋友圈中也有一定的威信。你会交朋友，你的人缘很好。

26～35分：你的人缘看起来一般般，经常有新朋友，但你们的关系并不牢固，时好时坏，经常处于一种起伏波动的状态中，这种状况表明，你的确在为交朋友做出一些努力，讨好他人或者是取悦他人，但不一定得到别人的认可，可能别人并不喜欢你，觉得和你相处也没有那么快乐。那你应该怎么办呢？有时候你需要在言行举止上注意一点，不要太过把自己的想法套在他人身上，虚心听取那些逆耳忠言，真诚待人，你才可能改变目前的状况。

15～25分：你的人缘的确太差，可能你是一个孤僻内向的人，为人不够开朗，思想也不够活跃，喜欢一个人生活。但是你也不是不会交朋友，绝对不能武断地认为你是一个人缘差的人。你的人缘差是来源你本身就不喜欢这些社交活动，更喜欢一个人的生活状态。但是，请你记住，一个人生活在社会中，就不可能脱离人际交往，你还是得改变一下自己的态度，试着与他人交往，你会发现人与人的沟通也是如此美妙的。

心理贴士

人人都想有个好人缘，可以在痛苦的时候找人倾诉，也可以在快乐的时候与人分享，但是想要维持好人缘，却不是一件容易的事情，毕竟每个人的性格都不相同，能够在不委屈自己的前提下与别人搞好关系，确实不容易。

## 你受异性欢迎吗

### 情景测试

你是不是在纳闷别人都已经成双成对了你却还是形单影只呢？不如从自己身上找找原因吧，看看自己到底受不受异性欢迎呢？

1.你旅行时，最想去哪个地方？

北京→2

东京→3

巴黎→4

2.你是否曾在观看感人的电影时泣不成声？

是→4

否→3

3.如果你的男（女）朋友约会时迟到一个小时还未出现，你会：

再等30分钟→4

立刻离开→5

一直等待他（她）的出现→6

4.你喜欢自己一个人去看电影吗？

是→5

不→6

5.当他（她）在第一次约会时就要求要吻你，你会：

拒绝→6

轻吻他（她）的额头→7

接受并吻他（她）→8

6.你是个有幽默感的人吗？

我想是吧→7

大概不是→8

7.你认为你是个称职的领导者吗？

是→9

不→10

8.如果可以选择的话，你希望自己的性别是？

男性→9

女性→10

无所谓→D类型

9.你曾经同时拥有一个以上的男（女）朋友吗？

是→B类型

不→A类型

10.你认为你聪明吗？

是→B类型

不→C类型

## 完全解析

A类型：恭喜！你对异性有很大的吸引力！在异性的眼中，你有一种魅力。你不只有美丽的外型，而且有幽默和大方的个性。你应该是一个很有气质的人而且深谙与人相处之道，你很懂得支配你的时间，所以你在异性之间很受欢迎。

B类型：很好！你很容易便可以吸引异性。但是你并不容易陷入爱情的陷阱。你的幽默感使得人们乐于与你相处，他（她）与你一起时非常快乐！

C类型：尚可！你并不能特别吸引异性，但是你仍然有一些优点，使异性喜欢跟你在一起。你应该是一个很真诚的人，而且对事物有独特的眼光。在你的朋友眼中，你是一个很友善的人。

D类型：哦呜！你并不吸引异性。你并没有十分渊博的知识，也没有什么特别的人格特质。对异性来说，你显得过于粗陋，所以你并不受异性的欢迎。

心理贴士

如果你对异性有很大的吸引力，那就要继续保持下去，并尽早找到自己的意中人。如果你对异性没什么吸引力，就多从自身找找原因，消灭掉自己身上那些缺点，也许很快你就能摆脱单身生活了。

## 与人共事时的弱点

### 情景测试

每个人都有长处，当然也有弱点，在与人共事时，你会有什么弱点呢？自己测一下吧。

如果你和朋友共事，当你们有不同意见时，你会：

A.坚持己见

B.希望再和对方多沟通

C.不想跟对方争，即使自己是对的，也不去坚持

D.请第三者来评理

### 完全解析

选择A：你是一个很有主见，对自己很有信心的人。但是，你的自信有时候过头了，别人看来你可能就是一个自我意识太强烈、自大主观、不站在别人立场设想的人。希望你可以收一收自己的作风，要知道人际交往最

重要的是合作关系的和谐，因为团队精神可以大大促进人际关系。大部分的工作一个人是完成不了的，必须有团体的配合，如果你一意孤行，大家都不配合你，你也会很难开展工作的。这里还是给你提一点建议，就是一个人自信是好事，可能是你成功的条件和本钱，但应该把握一个度，最好多听听别人的建议，就算最后要用自己的方式，也要通过沟通让人心服口服，不然就很可能是你人际关系的致命伤。

选择B：你懂得沟通，很适合在一个团队里面工作，你在表达自己意见的同时也会倾听别人的意见，所以你的人际相处在团队中不成问题。但有一点要告诉你，虽然沟通是好事，但绝不要为了搞好人际关系而去沟通。因为这样一来，别人就会觉得你太虚伪了，也爱表现自己；还有一点必须注意的是千万不要为了讨好别人而你委曲自己的本意，不然你的真实个性和能力也会在团队中消失得无影无踪，到时候别人可以当你不存在，也不需要你的建议了，这肯定是你最不喜欢看到的结果。

选择C：你经常会为了顾全大局放弃自己主见和权益，可能你觉得这是顾全大局但别人会觉得你根本不重视这个工作，也不尊重团体中的参与。你不想与别人对立，因为你怕自己无法处理对立关系，因此会选择逃避或者退让的方法来维持自己的人际关系。其实这样做吃亏的还是自己，千万不要以为退让了就可以达到预期效果，可能反而会让有些人觉得你是要奉承，另有目的。

选择D：你是一个中立的人，会以第三者的角度来评断问题，你的客观中立可以让你把问题看得更加清楚，也避免与别人产生直接的冲突，造成敌对状态。你懂得发现问题的时候艺术地表达出来，以理服人，从这里可以看出你是一个很有智慧，而且是很有度量的人。有时候你的意见会激发他人的想法，大家都很喜欢和你交朋友。但在团队里，可能有的人就不喜欢你，因为你的睿智会使得你在团队中公信度不断增加，那些有心人很快就会出来批判你。

心理贴士

人人都有弱点，在跟别人交往的时候也会有缺点。很有可能在无意之中，就会得罪别人。所以，一定要清楚自己的缺点，并注意克服，帮助自己更好地与人共事。

## 你会怎么拒绝别人？

### 情景测试

虽然你是个老好人，但有时候也会因为某些情况需要拒绝别人，那你会选择什么方式呢？这里有几种令人不悦的情形，哪种是你最讨厌的？

A.大声喧哗

B.出言不逊

C.喋喋不休

D.又哭又闹

### 完全解析

选择A：也许不好意思让别人当面碰钉子，但是你的软性拒绝，其实就是在撒灰。

选择B：不管别人说什么好话，只要你有拒绝的心思，照样可以找到拒绝的理由。

选择C：刚开始的时候，别人可能没觉得自己碰了钉子，但是越来越会发现，其实你就是一块大铁板。

选择D：你会直接说出自己的想法，还要加上一句“就这么定了”，让别人无话可说。

### 心理贴士

在别人提出请求的时候，能够帮得上忙自然是最好的，但是如果实在是有心无力，也不要给自己添太多麻烦，要学会拒绝。但是拒绝的时候也要选择合适的方式，不能太过直白，以免伤了和气。

## 异性眼中你的“新鲜度”

### 情景测试

每个人都希望自己可以成为众人瞩目的焦点，特别是引起异性的注意，那你在异性眼中究竟是什么样子的呢？来测试一下。

假设你现在要参加水果大展，身为果农的你，会选择用哪种水果来参赛？

A.菠萝

B.杨桃

C.木瓜

D.西瓜

### 完全解析

选择A：新鲜度80分。你是一个热情坦率又大方的人，你周围的人可以轻易地感受到你的热情活力和魅力。

选择B：新鲜度20分。你是一个含蓄保守的人，希望你可以在穿着和心态上更加大胆一点。

选择C：新鲜度40分。你是一个和蔼可亲的人，在别人眼中你绝对是一个好人，但是一个缺乏活力的好人。但你有着开阔的人生观，所以你对很多事情都不会斤斤计较。

选择D：新鲜度60分。你是一个外冷内热的人，你的外表看起来是拒人于千里之外，却有一颗骚动的心，你还有很多空间可以发展成“新鲜水果”的。

心理贴士

如果是一个新鲜亮丽的水果，自然会有很多人对它垂涎不已，而如果只是一个干巴巴的水果，想来谁都不会有兴趣看它一眼。人也是这样，成为新鲜水果还是烂水果，其实都取决于你自己。

## 你是一个受欢迎的人吗？

### 情景测试

你受人欢迎吗？下面的25个问题是根据国外专家的心理测试而拟就的，目的是让你大致明了自己的性情以及你是否容易相处。

请在每项问题的下面写“是”或者“否”。

1.你是否自动地和不经思考地随便发表意见？

2.你是否觉得你3位最好的朋友都不如你？

3.你喜欢独自进餐吗？

4..你看不看报上的社会新闻？

5.你对这一类的测验有无兴趣？

6.你是不是也向别人吐露自己的抱负、挫折以及个人的种种问题？

7.你是否常向别人借钱？

8.你和别人一道出去，是不是一定要大家平均分摊费用？

9.你告诉别人一件事情，是不是把细微末节都说得很清楚？

10.你肯不惜金钱招待朋友吗？

11.你认为自己说话毫不隐讳的态度是对的吗？

l2.你跟朋友约会时，是否让别人等你？

13.你真正喜欢孩子（不是你自己的孩子）吗？

14.你喜欢拿别人开玩笑吗？

15.你认为中年人恋爱是愚蠢的吗？

16.你真正不喜欢的人，是否超过7个？

17.你是不是有一肚子牢骚？

18.你讲话是不足常常用“坏透了”“气死人”“真要命”一类字眼？

19.电话接线员和商品推销员会使你发脾气吗？

20.你爱好音乐、书籍、运动，别人不喜欢，你是不是觉得他面目可憎、言语无味？

21.你是不是言而无信？（多想一次再答）

22.你是不是常常当面批评家里的人、好朋友或下属？

23.你遇到不如意的事，是否精神沮丧、意志消沉？

24.自己运气坏，你的朋友成功的时候，你是不是真的替朋友高兴？

25.你是否喜欢跟人聊天？

### 计分方法

答是得1分，答否不得分。你的得分______

### 完全解析

得分愈多，就表示你愈受人欢迎。最高的分数当然是25分。但是，假如你的分数不到25分，你也不要认为自己人缘不好。只要有15分，你就是一个很受人欢迎的人了。

### 心理贴士

人们都喜欢活泼开朗、笑容满面的人，喜欢和那种沉闷忧郁、精神不振的人相处的人并不多。因为任何一个人的情绪都会影响到周围的人，甚至感染这些人。人人都会追求快乐和幸福，只有快乐的人才会受人欢迎。

# 你的“第一眼效应”

## 情景测试

据说曾国藩相人很准，很大一部分原因是他善抓见人后的第一印象，从人的面相、体态、动作对人作出评估，由此可见第一印象是很重要的。

你给别人留下的第一印象如何？一测便知大概。

1.与人初次见面，你能从对方的举止言谈中，对他的知识能力等素质做出积极、准确的评价吗？

A.不能

B.很难说

C.可以

2.与朋友告别时，下次约定见面的时间、地点是：

A.对方提出的

B.谁也没提这事

C.由你提出来

3.头一次见到某个人，你自然而然流露出的表情是：

A.热情诚恳，大方自然

B.大大咧咧，漫不经心

C.紧张局促，羞怯不安

4.与人寒暄后，你是否很快就能找到双方都有兴趣的话题？

A.是的

B.很困难

C.经过较长时间才能找到

5.你与人谈话时的坐姿通常是：

A.两膝并拢

B.两腿分开

C.跷起“二郎腿”

6.你同异性谈话时，眼睛通常望着何处？

A.直视对方眼睛

B.看着其他的东西或人

C.盯着自己的衣角，不停地把弄

7.你选择的交谈话题是：

A.两人都感兴趣的

B.对方感兴趣的

C.仅仅自己感兴趣的

8.通常第一次交谈，你与对方分别占用的时间是：

A.差不多

B.他多我少

C.我多于他

9.会面时你说话的声音总是：

A.很低，以致别人听得很费劲

B.柔和而低沉

C.声音高亢，热情洋溢

10.你说话时是否喜欢采用身体语言？

A.偶尔打些手势

B.从不指手画脚

C.常用身体语言补充语言表达

11.你讲话时的速度怎么样？

A.相当快

B.十分缓慢

C.快慢适中

12.假若别人谈到了你极不感兴趣的话题，你将：

A.打断话题，另起一话题

B.沉默、忍耐

C.仍然认真听，努力从中寻找乐趣

## 计分方法

| 题号 / 得分 / 选项 | 1 | 2 | 3 | 4 | 5 | 6 | 7 | 8 | 9 | 10 | 11 | 12 |
|---|---|---|---|---|---|---|---|---|---|---|---|---|
| A | 1 | 3 | 5 | 5 | 5 | 5 | 3 | 3 | 3 | 3 | 1 | 1 |
| B | 3 | 1 | 1 | 1 | 1 | 1 | 5 | 5 | 5 | 5 | 3 | 3 |
| C | 5 | 5 | 3 | 3 | 3 | 3 | 1 | 1 | 1 | 1 | 5 | 5 |

## 完全解析

2～22分：第一印象差→也许你会对此吃惊，因为你并无恶意，只是按照自己的习惯做事。你本想给别人留下好印象，但是由于你不经意的行为，却容易给人留下坏印象。必须记住，交往是一种艺术，而艺术是需要修饰的。

23～46分：第一印象一般→别人对你的印象还可以，你的表现中存在着某些让人愉快的成分，但也有不够精彩之处，这让别人对你的印象不好也不坏。如果你希望提高自己的魅力，就要首先在心理上重视，并努力在第一次见面时展现自己最好的一面。

47～60分：第一印象好→你的适度、温和、合作，给第一次见到你的人留下了深刻的印象。不管对方是你工作上认识的还是生活中认识的，他们都会有与你进一步接触的愿望，你的问题只在于注意那些单向对你“一见钟情”者。

## 心理贴士

如何给人留下好印象

1.事先做好准备，尽量了解对方的动机、需求和兴趣；

2.尽快融入当时的氛围中；

3.眼神专注；

4.注意倾听，多了解别人先说些什么；

5.手势优雅缓慢，避免剧烈动作；

6.注意说话音质、声调、节奏和音量。

## 别人眼里你足够稳重可靠吗

### 情景测试

也许你的微笑还很单纯幼稚，没关系。只要你在平时的言谈举止中能显出你的成熟和稳重，还是可以赢得别人的信任的。那么，在别人的印象中你是不是稳重可靠呢？不妨测试一下。

每个问题下面列出3个字母代号，如果你对问题的回答是肯定的，请选排在第一的字母；如果回答是否定的，选择最末的字母；如果介乎肯定和否定之间，选择中间的字母。

1.在关于天气、钱财、职业及人际关系这些问题上，你是否能有所预见？

C　M　V

2.你的言谈举止是否非常通情达理？

M　Z　A

3.你是否常常能发现别人的优点，发自内心称赞别人的长处？

A　B　Z

4.你是否喜欢参加目前流行的极限运动？

C　B　A

5.你对外界的刺激非常敏感吗？

B　C　M

6.你喜欢凭自己的感觉判断是非吗？

C　B　Z

7.你会坦然地向别人承认自己的错误吗？

A　M　C

8.你对在众多的人面前公开发表意见感到羞怯吗？

B　Z　A

9.你敢于尝试一些你从未接触过的新事物吗？

Z　A　C

10.你倾听别人讲话时会看着别人的眼睛吗？

M　Z　A

11.你是否对很多事情都心存疑虑？

A　V　M

12.你的做法是否经常会让别人大吃一惊？

B　V　A

13.是否觉得自己可以轻视比自己差的人？

C　B　A

14.你是否做事无论重要与否都三思而行？

A　A　O

15.你常为自己的成就、修养或天赋自豪不已吗？

M　Z　A

16.你觉得自己是个理智冷静的人吗？

M　A　O

17.你觉得自己是一个性格外向的人？

M　B　A

18.是否一件小事也会使你大发雷霆？

B　V　M

19.你有一个不太负责任的父亲吗？

C　B　A

20.不论何事，你都不喜欢遵从别人的看法吗？

C　B　A

21.你有时会在无法控制的时候对人很粗暴吗？

C　V　M

22.你是否总想成为世间首富或绝代佳人？

C　B　D

23.你觉得自己做事情是否很草率冒失？

B　C　Z

24.你觉得自己对待陌生人的态度很亲切吗？

M　V　C

25.你对自己从事的工作能够轻松胜任吗？

M　C　V

26.你的恋人或配偶与异性交往比较密切时，你心中会愤恨不平吗？

C　B　A

27.你的好胜心过于强烈吗？

B　C　A

28.你会自然主动地和身边的人搭话吗？

M　A　B

29.你有兴趣与人不停地探讨某一问题吗？

B　C　A

30.你对一些极细微的零件（比如：钟表的内部构造）感兴趣吗？

M　A　C

## 完全解析

得8个以上B者：非常不稳重→你易动感情，自我防卫意识非常强，甚至有些敏感，你有着很强的交际能力，极易跟人达成谅解，也有尝试新事物的勇气；你经常处于变动中。你性格中的不利因素较多，虽然不至于遭人讨厌，但也不怎么讨人喜欢。

得8个以上C者：不够稳重→你应该明白，要使一切事情顺利进行，做事都要讲究个度。你有点盲目自大，对别人不够礼貌。你竞争意识强烈，渴望出人头地，不会太惹人喜欢。就算你想做一个与众不同的角色，也不要操之过急。

得4个以上V者：不够稳重→你看问题的眼光很准，善于体察别人的困难，易于接近；但你不够耐心，比较急躁。如果条件具备，你可以从政；如果你能够更有耐心，就会给人更为完美的印象。

得3个以上Z者：可算稳重→你凡事总三思而后行，倾向于保守；你喜欢观察和独立思考。你做一个质检员会比较合适。

得7个以上M者：比较稳重→你富于同情心，待人平和，可以较好地控制自己的情感，善于表达自己的感情。你给人的感觉像细水长流般的清爽细腻，平静祥和。

得9个以上A者：十分稳重→你有着很强的适应力，可以在不同环境下与各种人打交道；你对各种形式的争论与冲突都很厌倦；你聪慧，有能力，但是勇气有所欠缺；你善于为他人着想。你很难成为领袖，但是会很受欢迎。

**心理贴士**

大家都喜欢做事稳重的人，对于毛手毛脚的人总是敬而远之。那么，如何才能成为别人眼中稳重的人呢？那就得你多加努力，控制自己的情绪。

## 与人交往时你会说话吗

**情景测试**

如果你善于通过语言与人沟通，就是说你口才很好，就等于为你插上了成功的翅膀；如果你不善于与人交谈，常常容易引起纠纷或误会。你会说话吗？不妨测试一下。

1.当你不是话题的中心人物、不是众人关注的焦点时，你会不由自主地走神吗？

A.强烈肯定

B.有时

C.绝对否定

2.当有人试图与你交谈或对你讲解一些与你关系不大的事情时，你是否时常觉得很难聚精会神地听下去？

A.强烈肯定

B.有时

C.绝对否定

3.一个在火车上刚认识的朋友详细地向你讲述他从恋爱到失恋的全过程，并期待你的回应，你会：

A.极不情愿，觉得不舒服

B.无动于衷

C.很乐意倾听并积极开导

4.你是否觉得需要有时间及一个人静静地才能清醒和整理好思路？

A.强烈肯定

B.有时

C.绝对否定

5.你是否很难放松警惕，向他人倾吐自己的心事，除非他是你多年相交的密友？

A.强烈肯定

B.有时

C.绝对否定

6.你往往和哪种人最容易相处？

A.各种人

B.和已经了解的人

C.和相处很久的人，但往往感到很困难

7.你是否会刻意避免表达自己的感受，因为你认为说了别人也不会理解？

A.强烈肯定

B.有时

C.绝对否定

8.你是否认为轻易流露心情和感受的人是没有内涵的？

A.强烈肯定

B.有时

C.绝对否定

9.你是否总在人群中的气氛达到高潮时反而有一种强烈的失落感？

A.经常如此

B.有时

C.从未有过

## 计分方法

选A得1分，选B得2分，选C得3分。

你的得分______

## 完全解析

22～27分：你不太会“说话”，除非极需要，否则你不会同别人交谈。一般来说，你不会通过语言去发展友谊。如果对方没有表现出频频跟你接触的意愿，你一定会待在孤独的个人世界里。

15～21分：你外冷内热，你其实也善于交谈，不过你不会轻易表现。你大概比较热衷跟别人做朋友。如果你跟别人不太熟悉，会表现得很内向，不太爱开口说话，但是在跟对方深入接触之后，你便乐意搭话。

9～14分：你非常会“说话”，善于交际，能够营造出一种比较热烈的气氛，还会鼓励对方多开口，让别人觉得同你谈得来，十分有共同话题。像你口才这么好的人，是很讨人喜欢的，你知道什么时候开口，什么时候闭嘴。

心理贴士

你是否羡慕别人在演讲台上口若悬河，是否希望自己也能有三寸不烂之舌？会说话并不仅仅是拥有流利的口才，还要有一些技巧，也就是说不仅要会说，还要知道对不同的人怎么采取不同的方式。

## 社交心理成熟度

### 情景测试

在社会中免不了与人交往，有圆熟的交往技巧就显得十分重要了。简单地说，就是要具备老辣的社交技巧。那么你具备这种技巧吗？不妨测一测：

1.当老板让你去做一件你觉得很难做到的事情，你会怎么办？

A.你会咬紧牙关，花费几小时拼命为他工作

B.做到某种程度而发觉不行时，即将情况向老板汇报

C.即使求助于他人也要把工作做好

D.是自己无法做的事，会放弃不做

2.如果有两位相熟的异性同时向你示爱，你会怎么处理？

A.把两人叫过来加以详谈后分开

B.在两人中只与一位适合自己的人交往

C.在两人之间周旋

D.将两人视为普通朋友，同时交往

3.当在工作上感到不顺心不如意时，用哪种方式来发泄呢？

A.到常去的酒吧喝酒

B.出去散步使心情平静

C.到一些娱乐场所消遣

D.到朋友家向他诉苦

4.如果你由朋友口中得知另一个朋友在背后说你坏话，你会怎样？

A.默默地承受而不加理会

B.与忠告者一起出游，将误解澄清

C.直接找说坏话的人去算账

D.找说坏话的人问清情况

## 计分方法

选A得5分，选B得3分，选C得1分，选D得0分。

你的得分______

## 完全解析

20～18分：如果你可以再成熟一些，就能体会爱的真义。在社交方面，你的心理相当成熟，但是在个人生活方面就不太成熟了；而这种不平衡也是你性格上的魅力，因为它令人有新鲜感，会让人产生想要探知的欲望。

17～14分：你的心理还不够成熟，正在成长中。你的兴趣比较广泛，无法局限在一件事上，所以应该先做要紧的事情；如能有所取舍，你的心理会成熟得更快。你是个有前途的人，你会很快掌握社交技巧的。但是，你在这个过程中需要承受住一些心理上的考验。

13～8分：你的社交技巧可以说是相当贫乏的，你的心理还很幼稚，甚至未考虑成熟问题。对你而言，实践比学习更重要，但学习也不能忽略。

7～0分：你对爱的看法相当成熟；但心理成熟是没有界限的，所以应该想办法使自己能与人相处得更好。你现在需要加紧努力的是，注意与周围人搞好关系，千万别脱离集体，要合群。

## 心理贴士

不投机取巧可能被看作不思进取，不恃才傲物可能被视为平庸无为，开口先笑可能被认为是笑里藏刀，不苟言笑又可能被认为是太过严厉。这并不代表以上的这些都是缺点，而是你怎么才能把这些优点发挥到圆润自然，张驰有度，浑然得体。

## 你能不能在E时代沟通自如

### 情景测试

因为互联网的普及，有很多人已经陷在虚幻的世界里不可自拔，久而久之，便会丧失现实世界中人与人之间的沟通能力。当你不得不回到真正的现实中的时候，就会觉得现实中的交流让你茫然无措，不知怎么办才好？

下面就来测一下，你的沟通能力退化了吗？

1.你刚走进办公室，你的一位同事，悄悄地跟你说老板找你，你会怎样应对？

A.认为他在搞恶作剧

B.主动找老板询问是什么问题

C.马上向他打听

2.你所在部门只有一个提升机会，上司没有把这个机会给那个好像条件比你好的人，而是给了你。当上任的第一天，你如何对待那位曾经的竞争者？

A.打听他的QQ号或者他经常进的聊天室，以不知情的方式和他聊天

B.不会找那个人，就当什么也没发生

C.请同事们吃饭，并向他表示你的诚恳

3.如果你是部门主管，发现你的下属早退现象严重，你会怎么办？

A.定制度，早退罚款

B.每天在下班前，开个小例会，直到大家觉悟为止

C.找那些爱早退的人长谈，找出原因

4.当你看见自己的亲友或邻居为一些琐事而争吵时，你会怎么处理？

A.问清原因后加以劝解

B.在一旁观看，并防止意外发生

C.不闻不问，让他们吵

5.你异性好友的追求对象邀请你一起吃饭。第二天，你的好友反复追问你谈话内容，你会怎么办？

A.轻描淡写，淡化主题

B.只字不提

C.给好友提一些合适的建议

## 计分方法

| 题号/得分/选项 | 1 | 2 | 3 | 4 | 5 |
|---|---|---|---|---|---|
| A | 1 | 2 | 1 | 3 | 2 |
| B | 3 | 1 | 3 | 2 | 1 |
| C | 2 | 3 | 2 | 1 | 3 |

## 完全解析

13～15分：你与人沟通的能力仍然不错，遇到困难的时候你总会想出办法，因为你知道怎么表达自己的思想与情感，从而获得别人的理解和支持。在现实社会中，你也一样可以做得很好。

9～12分：你在处理问题的时候已经暴露出了一些不足。当你遇到沟通障碍的时候，虽然也很想解决问题，但是方法不够恰当。你经常采用直接的、赤裸的方法，虽然够真诚，但没什么好效果，你还是处事灵活一些吧！虚幻和现实是有差距的。

5～8分：你需要赶紧提升自己的沟通能力。你的沟通技巧非常差，经常让人产生误会，自己却不知道，这会给别人留下不好的印象，有时候还会伤害别人。还有时候，你无法准确地表达或者根本不屑表达自己的想法和观点，这可不太好。

心理贴士

有些人际交往法则看起来没有什么过人之处，常常被人忽视，但它们确实能帮我们处理好人际关系，让我们获得事业的成功。

## 你对别人是否有影响力

### 情景测试

你有没有发现，有些人只要一出现在某个团体里，就会不自觉地成为核心，身上带有一种无形的威严，别人的言行都会自然而然地受到他的感染，这就是影响力。你具有这样的影响力吗？看看下面的题目，试着从中找一找答案。

本项测试共17题，每题有2～7个选项，请根据自己的实际情况，快速而诚实地作答，并在15分钟之内完成全部测试。

1.你在所从事的某项事业、工作或所在的团体中，有很深的造诣，甚至成为公认的学术带头人，是吗？

A.的确如此

B.不是这样

2.在你看来，自己是个无论在知识上还是修养上都很出色的人。

A.是的，我有这个自信

B.自己感觉一般

3.假设你是一家服装鞋帽店的老板，一位顾客想要买一件名贵的大衣和一双便宜的鞋子，你将先卖给他哪一样商品？

A.先卖鞋子，因为它体积小、便宜，可以快速成交，商家应站在顾客的角度为其多做考虑

B.高档大衣，因为它价格高，生意如果做成，可以带来很高的利润

4.你是否觉得自己具备了随机应变的能力，能够在各种地方都得心

应手？

A.是的，我有这个能力

B.某些场合我应付起来得心应手

C.不是的，很多时候我都会力不从心

5.你的体重和身高是在以下哪个范围内？

A.很瘦，个子不高

B.中等个子，偏瘦

C.个子很高，体重适当

D.个子非常高，在190厘米以上，也很重

6.你觉得下面哪种表述让你更容易接受？

A.我对自己的语言能力没有完全的自信

B.我的口头表达能力非常优秀

7.“你想要成为一个有所成就的人，并不在于别人对你的喜爱，而在于别人对你的敬重。”你认为上面的表述是否正确？

A.完全正确

B.不正确

8.以客观评价为标准，你对自己所具有的吸引力是如何看待的？

A.非常出色

B.出众

C.一般

D.差

E.很差

9.你大多数时候会选择下面哪种款式的服装？

A.十分前卫、新奇，使人看过一眼便难忘的

B.比较流行的，我不太热衷追赶潮流，但也不会落后

C.具有民族特色的服装，比较大众化的

D.国外流行的款式，比如欧美的

E.喜欢穿着简单、随意，不喜欢职业装的拘谨

F.能将就凑合就可以了

G.价格低、容易接受的服装

10.你很留心你在其他人眼里的印象吗？

A.的确，我对这个十分关心

B.有一些在意

C.稍微有一点儿

D.很少

E.一点儿也不会把这个放在心上

11.你很爱看具有幽默感的漫画吗？

A.是的，我觉得风趣、有意思

B.比较喜欢

C.一点都不喜欢

12.有观点认为，只要所需要完成的目标是正确的，那么达到目标所采取的方式、方法是没有任何限制的，你同意这种看法吗？

A.完全同意

B.在某些时候同意

C.不同意

13.在你心里，你更能够接受下面哪种说法？

A.人活一辈子，始终做到表里如一、说话算数

B.在某些情况下，表里如一不必过分强调

14.你对“人们只会对那些经过自己努力获得的、来之不易的物品才会珍惜”，持有什么样的意见？

A.完全同意

B.完全不同意

15.你感觉对别人表示衷心的称赞是非常难做到的事，还是极其简单的事？

A.真心称赞别人，是很容易的事情

B.这样做是很不易的，我几乎没有这样做过

16.当你打算买卖一件价格不菲的物品，或者想为自己争取更高的薪金，需要和别人就此进行谈判时，你会采取下面哪种方式？

A.如果是出售物品或加薪，我所出的价格将比我预期的高出许多

B.我所出的价格会略高于我所希望的，这样双方更容易达成共识

C.我喜欢直来直去，把心中的价格直接说出来，并告诉对方，没有讨价还价的余地

17.下面几种说法，你觉得哪一种更有道理？

A.作为领导，在对下属交代任务时，不必说得太多，只要让其无条件完成即可

B.领导安排下属做某项工作时，一定要把一切都交代清楚，员工有权知道工作的总体规划

## 计分方法

| 题号/得分/选项 | 1 | 2 | 3 | 4 | 5 | 6 | 7 | 8 | 9 | 10 | 11 | 12 | 13 | 14 | 15 | 16 | 17 |
|---|---|---|---|---|---|---|---|---|---|---|---|---|---|---|---|---|---|
| A | 5 | 5 | 1 | 5 | 1 | 1 | 1 | 3 | 1 | 1 | 1 | 5 | 1 | 5 | 5 | 5 | 1 |
| B | 1 | 1 | 5 | 3 | 3 | 5 | 5 | 5 | 4 | 2 | 2 | 4 | 5 | 1 | 1 | 3 | 5 |
| C | | | | 1 | 5 | | | 3 | 5 | 3 | 5 | 1 | | | | 1 | |
| D | | | | | 2 | | | 2 | 3 | 4 | | | | | | | |
| E | | | | | | | | 1 | 3 | 5 | | | | | | | |
| F | | | | | | | | | 2 | | | | | | | | |
| G | | | | | | | | | 1 | | | | | | | | |

你的得分______

## 完全解析

17～30分：你的确没有什么影响力，习惯于受别人的限制或约束。你应该变得更有个性，每个人都有优势的，你也是，只不过你的还没有被发现

和挖掘而已。

31～40分：你对周围人还没有产生太大的影响力，也许你更习惯于平淡的生活状态。

41～58分：你所具有的影响力比你感觉到的要多些，有很多人受到你言行的影响，你属于像老板那样被下属尊重的人。

59～72分：你已经具备了权威人士的气质，也许你无法将影响力播散到各个层面，但在你所从事的工作领域内，你无疑是比较具有特殊影响力的。

73～85分：你确实是一位能够时刻影响别人的人，你身上所体现的身体特征、心理特征和政治态度，对别人总会产生一种威慑力量，不管你是否身处领导职务，你具有的这种影响力都是毋庸置疑的。

**心理贴士**

有些人身上会产生一种威严，他们想要什么就会得到什么，而且不会带来任何质问，这是因为他们的影响力。提升影响力需要从多方面入手，比如容貌、服饰、行为的感染力、说服力、学习力、情商，等等。

## 心理学知识：镜映效应

我们和陌生人初次打交道时，会迅速推断出对方是否真诚。我们会留意观察对方是否在“模仿”自己的身体姿势。因为，对彼此身体姿势的模仿，代表着接纳与友善。不过，我们在现实生活中很少会意识到这种微妙的“模仿”。这种非语言的模仿在心理学中称为“镜映效应”。

镜映在构建友善关系方面非常有效，它可以给对方带来安全感。当我们感觉相处融洽的时候，其实正是模仿的行为和同步的身体动作，使彼此产生了默契的感觉。如果身体姿势的主动模仿拿捏不好，会让人感觉莫名其妙甚至突兀。呼吸形态和声音方面的模仿，容易掌握，并且不会让陌生人感觉突兀。

呼吸形态的模仿需要我们把呼吸速率调整到与对方相一致，保持与对方的呼吸同步。对于不善于交谈的人或面临冷场的局面，通过契合彼此的呼吸状态，就可以有效地缓解紧张气氛，建立亲和感。

声音的模仿包括声调、语气、语速，甚至连重音都完全一样。所以，我们可以与对方的语速一致，或者比对方的语速稍慢一些，同时模仿对方的语调和语气。尤其当需要通过电话邀请别人时，声音是我们唯一的沟通方式，更应该注意让我们谈话的节奏感与对方保持一致。

## 心理学知识：小世界理论

有一个数学领域的猜想，名为Six Degrees of Separation，中文翻译为六度分割理论或小世界理论等。该理论指出：你和任何一个陌生人之间所间隔的人不会超过六个，也就是说，最多通过六个人，你就可以认识任何一个陌生人。这就是六度分割理论，也叫小世界理论。这并不是说任何人与其他人之间的联系都必须要通过六个层次才行，而是表达了这样一个重要的概念：任何两个素未谋面的陌生人，总是能够通过一定的方式产生必然联系或关系。很明显，随着联系方式和联系能力的不同，实现个人期望的机遇也会有明显的区别。

社会网络其实并不高深，它的理论基础正是“六度分割”。而社会性软件则是建立在真实社会网络上的增值性软件和服务。几年前，一家德国报纸接受了一项挑战，要帮法兰克福的一位土耳其烤肉店老板，找到他和他最喜欢的影星马龙·白兰度的关联。结果经过几个月，报社的员工发现，这两个人经过了不超过六个人的私交就建立了人脉关系。原来这个烤肉店老板是伊拉克移民，他有个朋友住在加州，刚好这个朋友的同事，是电影《这个男人有点色》的制作人的女儿在女生联谊会的结拜姐妹的男朋友，而马龙白兰度就是这部片子的主演。

## 心理学知识：人际吸引

人际吸引是个体与他人之间情感上相互亲密的状态，是人际关系中的一种肯定形式。按吸引的程度，人际吸引可分为亲合、喜欢和爱情。亲合是较低层次的人际吸引，喜欢是中等程度的吸引，爱情是最强烈的人际吸引形式。

人际吸引的基本原则有：①强化原则。强化是学习论的一项基本原则，运用到人际吸引中，就是人们喜欢能给予自己奖励的人；②联结原则。联结是经典条件反射中的一个极其重要学习原则。人们喜欢那些与美好经验联结在一起的人，而厌恶那些与不愉快经验联结在一起的人；③社会交换原则。该观点认为，人们对于一个人的喜欢与否，是基于成本与利益所做的评价。根据社会交换理论，当人们认识到从人际交往中得到的报酬超过成本时，便会喜欢和自己交往的人。

在影响人际吸引的要素中，人格品质是最稳定的因素，也是个体吸引力最重要的因素之一。美国学者安德森（N.Anderson，1968）研究了影响人际关系的人格品质，他发现，喜爱程度最高的六个人格品质是：真诚、诚实、理解、忠诚、真实、可信，它们或多或少、直接或间接同真诚有关；受喜爱水平最低的几个品质如说谎、假装、不老实等也都与真诚有关。安德森认为，真诚受人欢迎，不真诚则令人厌恶。

# 你能否看懂他人

在你的社交圈子中必然有很多不同的面孔，你能够看清楚谁是朋友，谁是敌人吗？你能够一眼看透他们的心思吗？

一般来说，现代人都有一套包装自己形象的本事。有些人会在背后搞很多小动作，当面却跟你称兄道弟；也有一些人，他们口齿不算流利，也常常在你面前有什么说什么，曾让你大丢面子，但他真心为你好。所以我们不能以貌取人，也不能以表面行为取人，了解你身边的人，测一测你参透人心的本领吧。

## 你有察言观色的本领吗

### 情景测试

“脸上的表情，天上的云彩。”有经验的人有着察言观色的本领。他能够根据对方的言行举止、喜怒哀乐等来分析自己的言行是否合理。这样的人往往有很强的适应性，至少他不会在别人的兴头上泼冷水，弄得人家不欢而散；更不会在上司愤怒时，出言不逊，惹祸上身。下面的测试就是考查你的观察能力，为了保证测试的效果，请迅速作答，每题控制在10秒钟之内。

1.当你坐上公共汽车时，你会：

A.谁也不看

B.看着站在旁边的人

C.与离你最近的人搭话

2.当你看橱窗时，你会：

A.只关心对自己有用的东西

B.也看不需要的东西

C.注意观察所有的东西

3.在满天繁星的夜晚，你会：

A.努力观察星座

B.只是一味地看天空

C.什么也不看

4.你记住你邻居的：

A.姓名

B.外貌

C.什么也没记住

5.进入某个单位时，你会：

A.注意桌椅的摆放

B.注重用具的准确位置

C.观察墙壁

6.你从自己看过的风景中记住了：

A.颜色

B.天空

C.当时你心里的感受

7.在公园里等人时，你会：

A.仔细观察你旁边的人

B.只看报纸

C.想别的事情

8.你放下正在读的书时，总是：

A.用铅笔标出读到什么地方

B.放个书签

C.相信自己的记忆力

9.你的上司今天闷闷不乐，似乎在生气，而你有事询问，你会：

A.直截了当地向他询问

B.先做自己的事，等他心情好一点再问

C.不是重要的事，索性不去问他

10.早晨醒来后，你会：

A.马上就想起应该做什么

B.想起梦见了什么

C.回忆昨天发生了什么事

11.在大街上，你会：

A.注意来往的车辆

B.观察建筑物的正面

C.看行人

12.你的同事在一小报上发表了一篇短文，兴奋地向你炫耀，你会说：

A."真了不起，文章写得真不错"

B."文章写得不错，但应该向大报社投稿"

C."我的朋友在报上已发表了十几篇文章了"

13.和人相遇时，你会：

A.只看他的脸

B.悄悄地从头到脚打量他一番

C.只注意他脸上的某个部位

14.看到你的亲戚或朋友过去的照片，你会：

A.兴奋

B.觉得好玩

C.尽量了解照片上都是谁

15.你在摆好的餐桌前：

A.赞扬它的精美之处

B.看着人是否都到齐了

C.看看所有的椅子是否都放在适当的位置上

## 计分方法

| 得分 题号 / 选项 | 1 | 2 | 3 | 4 | 5 | 6 | 7 | 8 | 9 | 10 | 11 | 12 | 13 | 14 | 15 |
|---|---|---|---|---|---|---|---|---|---|---|---|---|---|---|---|
| A | 3 | 3 | 10 | 3 | 3 | 10 | 10 | 3 | 3 | 10 | 5 | 10 | 5 | 5 | 3 |
| B | 5 | 5 | 5 | 10 | 10 | 5 | 5 | 5 | 10 | 3 | 3 | 5 | 10 | 3 | 10 |
| C | 10 | 10 | 3 | 5 | 5 | 3 | 3 | 10 | 5 | 5 | 10 | 3 | 3 | 10 | 5 |

## 完全解析

60分以下：你绝对不关注周围人的内心思想，你连分析自己的时间都没有，更别说分析别人了。所以，你是一个自我中心倾向很严重的人，这可能阻碍你的社会交往和职场开拓。

61～80分：你对别人隐藏在外貌、行为方式背后的东西毫不在意，但你在与人交往中的心理障碍不会很严重。

81～99分：说明你有相当敏锐的观察能力。但是，对别人的评价有时会带有个人色彩。

100～150分：说明你是一个很有观察力的人。同时，你也能分析自己和自己的行为，你能够非常准确地评价别人。

### 心理贴士

察言观色是交际中应操纵自如的基本技术。不会察言观色，就如同不知风向便去移动舵板，不仅不会世事练达，弄不好还会在小风浪中翻了船。

# 练就一双火眼金睛

## 情景测试

想知道他是什么样的人吗？观察一下他平时的生活小细节，参照下面的测试，给你一双火眼金睛，看透他的为人。

1.他经常穿什么颜色的上衣？

A.茶色系

B.蓝色系

C.红色系

D.绿色系

2.节假日中，他通常会干些什么？

A.逛街、购物

B.和朋友一起做一些户外活动

C.做平时没有时间做的事情

D.很隐秘，好像都没有人知道

3.他交友状况如何？

A.年轻的居多

B.为数不多的几个知己

C.三教九流、五湖四海都有，朋友很多

D.照顾他的年长者居多

4.他想让你陪他干一件你不愿意干的事情，通常会怎样做？

A.很难开口

B.不懂得如何做

C.先制造气氛

D.采取强硬的方式

5.你们常去哪种地方喝酒？

A.安静舒适的小酒馆

B.不一定，看看哪里近就在哪里

C.年轻人聚集的迪厅

D.饭店

6.他一般会送什么样的礼物给你？

A.廉价的小东西

B.昂贵的金银珠宝，但只是偶尔

C.他自己亲手做的创意制品

D.衣服或者流行的饰品

7.他的饮食口味倾向于下列哪一项？

A.家常菜

B.清淡的日本料理

C.口味较重的中国菜

D.以肉为主的西餐

8.你们一起去高雅的公众场合吃饭，他是怎样点菜的？

A.很认真地看菜单，但无法决定

B.连你的都一起决定了

C.点和你相同的菜

D.马上点以往点过的菜

9.你们一起泡酒吧的时候，碰到一个你的朋友，但是他并不认识你的这位朋友，如果你们决定大家一起玩，这时他的表现是怎样的？

A.比只有两个人时更为自然

B.不知为何变得很冷淡

C.变成逗人发笑的小丑

D.和往常一样

10.他的着装风格更适合用下列哪一项来形容？

A.典雅

B.罗曼蒂克

C.流行

D.有自己的独特风格

## 计分方法

选A为0分；选B为1分；选C为2分；选D为3分。

## 完全解析

0～8分：有避世倾向的人。他不喜欢别人干扰他的生活，对一切都漠不关心。你遇到困难他不会同情；你成功他也不羡慕；他不会在背后下刀子，也不会帮你。总之，跟他保持距离，尊重他的私有空间，你们就会相处得不错。

9～16分：神经兮兮的人。这类人很敏感，如果你和他走得过近，他会怀疑你有什么目的；和他距离太远，他又怀疑你陷害他。如果你觉得他难以相处，打算离他远点，他很有可能会变成一个可怕的敌人。你最好不认识这种人，如果已经认识了，那也只好不远不近地晾着。

17～25分：容易相处的人。他心胸开阔，和谁都是有说有笑。他不计前嫌，就算产生了大的矛盾，也很快就会忘记。跟这样的人在一起，你绝对天天开心。不过他不会跟你分享自己的忧愁，也不会尽心帮你。

26～30分：有情有义的人。对你来说，他绝对是难得的良师益友。这种人通常锐意进取，具有坚强的意志和信念，做事踏实，一言九鼎，是社会的中坚力量。跟他们在一起，你会被他们鼓舞，一旦你有麻烦，他们也会尽心帮你。

### 心理贴士

从小到大，我们经历过的考试不计其数，很多次我们在检查试卷时会发现，出错并不是因为不会，而是因为马虎。有多少次我们都是因为没有看到题目中提示到的小细节才错的。在与人交往这道大题中，想要参透题目的设置，想要得到正确的答案，一定要从细节抓起。

# 从小动作看性格

## 情景测试

平时你有没有注意自己的言行举止呢？那些小动作时刻影响着你的形象

和个性，甚至会影响你的工作能力和人际关系，因此，不良的小动作必须要改正喔！

当你与朋友一起谈天说地的时候，你常常不自觉做出以下哪些动作呢？

A.手捂着嘴巴或是鼻子

B.手不停地抚摸下巴或托着下巴

C.玩弄头发

D.东张西望

E.不停地搓揉耳朵

## 完全解析

选择A：你很有主见，你在说话时总是用手捂住嘴巴或者鼻子，说明你似乎不是很同意对方的说法，只是你抹不开面子说，这种动作就是怕一不小心说走嘴的防卫姿势。一般来说，会以手遮住嘴巴或鼻子的人，有两种心理反应：一是想反驳对方，二是在说谎，所以你在人际交往中，不会把自己的想法和盘托出，让别人猜不透。

选择B：你很喜欢思考，在交谈中经常陷入沉思，听不到对方的话。如果对方问你什么，你就无言以对。虽然你喜欢天马行空，但是你不会算计别人，只是有时比较固执。因为你喜欢乱想，所以在交往中表现得比较神经质。知道这些后，你一定要改正，不然会让别人不满。

选择C：你平易近人，让人觉得你温和、柔弱，但是其实你内心很坚强，也就是“外柔内刚”。你朋友不多，但是个个都是知心好友。

选择D：别人在跟你说话，你却总是东张西望，说明你不专心，期望对方赶紧结束谈话。其实，你不怎么爱说话，觉得跟别人交谈很困难。你比较懒散，做事情无精打采，也不会热心帮助朋友。对于不熟的人你基本不说话，如果你不想得罪人，可以用微笑代替。

选择E：你是一个喜欢热闹的人，喜欢说话，不愿意当听众，也不会伪装自己内心的想法，所以你的谈话常常带有个人色彩，你越想表现自己，就越会弄巧成拙。如果交谈中出现别人有不满的情况，不妨问问对方的意见。

**心理贴士**

画龙画虎难画骨，知人知面不知心。看穿一个人绝非易事，不过如果你善于观察细节，你就可以从一个人的言行举止看穿他，甚至可以通过第一印象了解对方是个什么样的人。所以，你要善于观察，从细微入手。

## 看一个人是否撒谎

### 情景测试

撒谎是每天每个人都在做的事情，这已经是一种普遍的日常行为了，关键在于你是像大部分人一样只是为了客气而撒谎呢，还是为了利益而撒谎？你会撒谎吗？测一测吧。

奇幻的世界中，长了一棵恐怖的树，因为它有一个血盆大口，可以把人给吞下。你认为这棵树是利用什么方法来让人接近，进而捕食？

A.用美妙的歌声使人心醉

B.模仿对方恋人的声音

C.散发迷人的树香

D.利用飞翔在它周围的小鸟使者

E.什么都不做，只是静静等待好奇的人走过

### 完全解析

选择A：为了讨人喜欢而撒谎。一般来说，你的谎言都是善意的，不过如果谎言逐渐扩大，就会让你丢脸，有时候就算你没说谎，也会因为过分夸张而引起误解。

选择B：以认真的态度在说谎，而且擅于撒谎。当然，不管这谎言善意

与否，在还没被揭穿之前，是很少人会因此而受伤的。一旦这个谎言被识破，就会让人遭受很重的打击，而且会让人觉得自己被出卖了。

选择C：不会利用谎言去伤人，可称得上是诚实的人。坦白说，你不善于说谎，一说谎就露馅，所以大家会觉得你很可爱。

选择D：有撒谎时喜欢找代罪羔羊的倾向。为了使谎言变得有说服力，你还会说“因为某某人说”或是“从某某人那里听来的”，这样，一旦谎言被识破时，那个无辜人的信用也跟着完蛋了。

选择E：绝不撒谎。你最痛恨的就是欺骗别人，所以，就算对方不想听，你也会实话实说，有时候会很伤人。

心理贴士

行为心理学告诉我们，你的行为会泄露你的内心。在微行为中，摸鼻子是撒谎的表征之一，因为在撒谎过程中，人们的鼻子会因为血液流量上升而增大，血压增强，使得鼻子发痒，引发鼻腔的神经末梢传递出刺痒的感觉，所以人们只能频繁用手摩擦鼻子。科学家们将这种现象命名为“皮诺基奥效应”。

## 眼睛泄露你的秘密

### 情景测试

在社交场合中，因为彼此之间都是陌生的，通过看对方的眼神便可了解他的爱好和性格趋向，便可以避免碰钉子了。

A.思考时眼珠向右上方转的人

B.思考时眼珠向右下方转的人

C.思考时眼珠向左上方转的人

D.思考时眼珠向左下方转的人

**完全解析**

选择A：据说眼珠向右上方转时，人的脑中便会浮现幻想中的事物，这说明这种人很喜欢做白日梦，不过也不能就此认定他们只会凭空想象。其实这种人很擅长逻辑分析，如果将他们的想象加以逻辑的分析，说不定会发明一些惊世产品呢！

选择B：这类人心思缜密，善于思考，疑心比较重，所以跟他们打交道的时候一定要小心。另外，一定不要跟他们有金钱上的瓜葛，不然会很麻烦。

选择C：这类人时常喜欢翻来覆去地回忆旧事想当年，所以跟他们相处需要耐心。不过他们虽然身边有很多朋友，却没几个知心人，如果你想取得他们的信任，要拿出诚意。

选择D：这类人想象与思考力都很强，是当作家或编剧的好材料。他们喜欢无拘无束的生活，也许别人会认为他们好吃懒做，不过其实他们很懂得安排自己的生活。

**心理贴士**

人们常说眼睛是心灵的窗户，人们的喜怒哀很容易在眼神中流露出来。所以，只要我们留意一下对方的眼神，便可在不知不觉之中洞悉对方的思想，从而知道他的性格。只有这样，才能更好地去信任他。

## 老爸老妈的性格类型

**情景测试**

你了解自己的爸爸妈妈吗，他们的性格是怎样的？那么从你观察到的细节开始测试吧，请针对爸爸或妈妈的印象回答以下问题。

1.当你年纪还小的时候，他/她会主动讲故事给你听吗？

会→2

不会→3

2.每天早上会在厕所里面待很久吗？

会→5

不会→4

3.平常看电视的时候，会拿着遥控器一直转台吗？

会→5

不会→6

4.手头上总是同时忙着两件以上的事情？

是→7

不是→5

5.看电视时是以下哪一种情形？

一边看一边批评→7

安安静静地看→8

6.会负责平常家中倒垃圾的工作吗？

会→8

不会→9

7.夫妻或家人之间意见不合时，通常是骂人的一方还是被骂的一方？

骂人的一方→10

被骂的一方→11

8.听到亲戚朋友有难的时候，会主动伸出援手吗？

会→12

不会→11

9.会经常提议家人一起出外游玩，或是利用家人生日、假日上馆子聚餐吗？

会→8

不会→11

10.如果全家人都将矛头指向他/她，和他/她唱反调，他的反应如何？

屈服→C

坚持己见→12

11.在餐桌上会主动说话、聊天吗？

会→13

不会→14

12.如果做错事或说错话，会拉下脸来承认自己的错误吗？

会→A类型

不会→14

13.平常的休闲活动属于哪一类？

静态型→C类型

动态型→D类型

14.假日常常和朋友聚会吗？

会→B类型

不会→C类型

## 完全解析

**A类型：脾气温和的好好爸爸或妈妈**

一副超级好好爸爸或好好妈妈的模样，不管晚辈有什么要求都会尽量满足。他们会无微不至地照顾家庭，也很好说好话，如果家族或亲戚间有些大家都不愿负责的事情，推来推去最后就可能推到他们头上，有时候会被老公或老婆嫌弃个性太过软弱。

孝顺方法：他其实很容易满足，只要他关心你的时候，你热情一些，或是多多和他分享你的烦恼，他就会觉得很有成就感了！

**B类型：脾气时好时坏的爸爸或妈妈**

他有时做事丢三落四，惹得老公或老婆发牢骚，可是偶尔又会说出让你佩服得不得了的至理名言；再不然就是他的脾气阴情不定，心情好时可以和你打打闹闹，一点父母的威严都没有，可是一旦上班不顺利或是你考试不理想，他又会突然变脸，把你吓得坐立不安，简直是难以琢磨。

孝顺方式：主动帮他把家里打扫干净，或是在他下班前准备好一顿美味的晚餐，让他回答家时惊喜一下吧！

**C类型：要求比较高的爸爸或妈妈**

他没有太多时间陪子女，心理会有些内疚，但是因为自尊心比较强，不会表达，所以如果孩子顶嘴或表现不佳，就特别容易发脾气。他对孩子要求较高，跟孩子的关系比较紧张。

孝顺方式：与其埋怨他总是没空陪家人出去玩，不如利用节假日的下午，邀请他一起到附近的公园散散步吧！

**D类型：心态还很年轻的爸爸或妈妈**

虽然已经为人父母，但是他还比较孩子气，希望身边有家人陪伴。他还在学习为人父母，希望可以成为孩子的朋友。

孝顺方式：不妨邀请他一起去看电影、听演唱会、和他一起打电动，或是买件他其实偷偷喜欢了很久的可爱T恤或玩具给他吧！

### 心理贴士

“找点空闲，找点时间，领着孩子，常回家看看。”一首《常回家看看》唱出了全天下老人的心，了解老爸老妈的性格，用有效的方式去孝顺父母一定会让他们开心不已。

## 对卖火柴小女孩的质疑

### 情景测试

小时候看过的童话故事，就其内容你可曾质疑过？在《卖火柴的小女孩》的童话里，你对下列哪一项最感到不解？ 让我们通过这个测试从侧面了解一下你的洞察力。

A.小女孩卖火柴

B.小女孩不从父亲那里逃出来

C.没有一个人帮助那小女孩

D. 没有一个人向她买一盒火柴

**完全解析**

选择A：你看人的眼光一级棒。贫苦的小孩极需要钱过圣诞，怎么会选择卖火柴？在这喜气洋洋、家家狂欢的年节，再奢侈的东西人家也乐意买。这时卖火柴，不是很不搭调吗？

选择B：你对别人的言行有冷静的分析能力。在家被酗酒的父亲虐待，还要在大冬天赚钱养他。不离开父亲，就要不断被折磨受苦。离开父亲的魔掌，就可能摆脱苦海。

选择C：你看人的眼光稍差。觉得“没有人帮助小女孩”最奇怪，却不知道这正是中了原作者下怀。这也表示为人正直是件好事，但你竟毫无防人之心，人家说的话照单全收，不是什么好事。

选择D：太看重表象，重视结果过于过程。对你来说，要紧的是结果怎样，而不是过程中的心血。在经商上，这也许行得通。不过你会对作弊得来的90分，比靠努力与实力得到的6分，给予更高的评价。

**心理贴士**

有的人天生就敏感，也就是所谓的洞察力强。虽然察言观色是做人的必修课，从这点来说，洞察力强是好事，但看透了别人的心思，如果不通世故，反倒不好。对你来说，最好把眼泪当流星，把忧伤当风景，对不完美闭上眼睛。

## 从吸烟看性格

**情景测试**

从他吸烟的习惯，看他的性格特点：

A.用水浇灭香烟

B.烟还燃着，就直接丢入烟灰缸

C.爱用脚踩灭香烟

D.烟灰已经很长，却不在意

E.香烟快烧到嘴巴，还一直吸

F.喜欢将香烟叼在嘴角，烟头微微上翘

## 完全解析

选择A：此类型的人具有神经质的性格，做事太过考虑他人的感受，虽然他能够表现出对他人的责任心和细致关怀，但结果往往因考虑得过于周到，反而遭受损失。

选择B：此类型的人自我控制力不强，习惯将自己的感情任意表现出来或强加于人。做事自由散漫，不顾及旁人，经常在无意中就会伤害他人。

选择C：此类型的人渴望成为焦点，不管发生什么事，他都想吸引别人的注意力，诱惑周围的人。有时会刻意追求一些新异的刺激来自我满足，并且不服输。

选择D：此类型的人非常谨慎，一般用心很深，并且善于伪装，非常自信。由于不善与人交流，常常被误解。虽然考虑问题很全面，但也可能因此错失机会。

选择E：此类型的人往往过于相信自己的能力，有时不能客观地分析当前的形势。他们属于发展性很高的类型。

选择F：此类型的人不够自信，总是在理想与现实之间徘徊，常把失败的原因归结到自己身上。但是如果这类人具有积极向上的心态，他会利用这一特点，将自己引向一个比较高的目标，不断地追求，最终获得成功。

## 心理贴士

在人们的成长过程中，通过对社会的体验，形成了一套自以为合适的模式，现在这套模式已经像我们的皮肤或者毛发成了人们身体的一部分。

性格是个人对现实的稳定的态度和习惯化了的行为方式，可见性格不是独立存在的，人们日常生活中的态度和行为都反映出性格特征，所以也能从他人的日常行为看出他们的性格特征。

## 心理学知识：微表情

微表情是心理学名词，微表情是人类在试图隐藏某种情感时无意识做出的、短暂的面部表情。人们通过做一些表情把内心感受传达给对方看，在人们做的不同表情之间，或者某个表情里，脸部会“泄露”出其他的信息。“微表情”最短可持续1/25秒，虽然可能只持续一瞬间，但很容易暴露情绪。

微表情通常会在人们经历得失、情势危急的时候出现。跟普通的面部表情不同的是，微表情很少能够装出来。微表情能够完全反映出人类共有的愤怒、恐惧、厌恶、悲伤、幸福、惊讶以及轻蔑这七种情绪特征。

常见微表情解析：

1.揉鼻子→掩饰真相时候更容易揉摸鼻子。

2.把手放在眉骨之间→当人感到羞愧的时候，很可能出现的动作是把手放在眉骨或者是额骨附近，用来建立一个视觉阻碍。

3.单肩抖动→不自信时候更容易单肩抖动（并不是所有的单肩抖动就是不自信）。

4.回答时生硬地重复问题→回答时生硬地重复问题很有可能是典型谎言。

5.注视对方眼睛→人在撒谎时，更容易注视对方眼睛，以使对方相信。（并不是注视对方眼睛就是撒谎）

## 心理学知识：相似心理

人际交往中，有的人能够和别人一见如故、心心相印，有的人与人相处多年，却仍不冷不热。这说明，交往双方能否进入深交阶段、能否成为知心朋友取决于一个重要因素——吸引力。有了吸引力，交往双方才能激发交往热情，建立长期而稳固的人际关系。当然，人际吸引是双向的，取决于双方意愿、需要，及对未来的考虑。所以，人际能否吸引要受到种种因素的制约，其中有四个因素对人际吸引的影响最为明显，那就是相邻、相悦、相补与相似。

1.相邻因素

心理学调查表明，人际间所处的空间距离是影响人们选择交往对象的因素之一。居住距离越近的对象，彼此间希望交往的愿望就越强烈，就越有可能进行交往。例如，同是一幢大楼、同处一个楼层、同住一个寝室的人愿意彼此交往、希望建立良好的关系，就体现了相邻是吸引交往的因素之一。

彼此相邻的人之所以会有较大的交往吸引力，换言之，相邻的邻居、同事之间之所以会萌发彼此交往的愿望，往往出于三种需要：第一，互助需要；第二，安全需要；第三，情感需要。

2.相悦因素

生活中，体形相貌漂亮者就比较容易引起别人注意，也容易成为一部分人的交往对象，这在初次见面表现得更为明显。人的长相之所以能成为交往中的吸引因素，主要原因有两个：第一，有的人对长相会作不切实际的联想，将长相与品德、性格、事业和未来等相联系，似乎它们间存在某种内在的必然联系，以至将长相看成是内在素质的集中体现，成了人们强烈的吸引因素；第二，求美是人的一种需求，所以外形美对人（尤其是异性）会有一种天然的吸引力。当然，我们并不绝对否认长相与气质、性格之间会存在某种相关，一个活泼、聪明、气质外向的人在长相上确实会有所体现，但这种相关并非必然的。以长相去判别品德、事业、未来，毫无根据可言。

3.相补因素

有的人喜欢选择与自己有相似特征的人进行交往，有的人则喜欢选择与